단기합격의 완성,
시험에 나오는 빈출 이론 및 문제 만을 엄선!

한국전기
설비규정
(KEC)
제정 반영

배울학

6 전기응용 및 공사재료
전기공사(산업)기사

- 공학박사 **강장규** 저 -

- 중요한 핵심 **이론**
- 시험에 나올 **적중실전문제**
- 이론을 바로 적용한 **예제**

초보자부터 전공자까지 다양한 수험생에게 합격의 방향을 제시해 줄 최적의 수험서
정확한 이론 정립과 이해를 돕는 예제, 출제 가능성이 높은 적중실전문제까지 한 권에 담았습니다

저자 직강
동영상 강의

무료강의
학습자료

교수님과의
1:1 상담

www.baeulhak.com

머리말

　전기응용 및 공사재료 과목은 조명, 전열, 전동기, 자동제어, 전기화학, 전기철도 등 다양한 분야로 구성되어있습니다. 따라서 처음 접하는 수험생들이 어렵게 생각하는 면도 있지만, 출제 문제 경향은 각 분야의 기본이론 및 이에 따른 정량적 계산 방법을 적용하는 범위이므로 기본적인 용어의 뜻, 크기를 계산하는 방법을 연습하면 그리 어렵지 않으리라 생각합니다. 특히, 전기공사기사 시험범위는 공사재료라는 전기설비 및 시공에서 필요한 자재 및 그 부품의 종류와 동작 특성상의 분류 등이 약 40[%] 정도이므로 현장 실무자, 설계 및 시공자, 공사 자재 담당 업무자에게는 유리한 종목입니다.

현재 국가기술자격시험의 출제방식은 문제 은행방식으로, 기출제된 문제들이 반복 또는 유사 형태로 출제되고 있습니다. 따라서 출제기준을 파악하고 분류하여 각 장의 핵심적인 기본 원리를 이해하고, 이에 관계되는 문제들을 풀어본다면 수험생들은 소기의 목표인 합격을 반드시 달성할 수 있을 것입니다.

본 교재는 편저자가 전기공학 학사, 석사 및 박사과정을 통해 얻은 지식과 약 30년 동안 학원 및 대학교 강단에서 기사 및 기술사 강의와 전기공학 강의를 진행하면서 연구한 편저자의 Know-how를 가장 효과적으로 정리하고 요약한 교재로서, 수험생들이 가장 짧은 시간 내에 큰 효과를 얻을 수 있도록 하였습니다. 또한 최근에 출제된 문제들을 분석하여 수록함으로써 최신 출제 경향을 완벽하게 파악할 수 있도록 하였습니다.

본 교재는 현재 시행되고 있는 국가기술자격시험의 출제범위를 포함하고 있으므로, 본 수험서로 학습하는 수험생들은 「I can do it」이라는 말처럼 자신감을 가지고 시험 준비에 임한다면 좋은 결과를 얻을 수 있으리라 믿습니다. 본 수험서를 학습하는 도중 미진한 부분이나 보완하여야할 내용이 발견된다면 지적과 조언을 부탁드립니다. 끝으로 전기공사기사 및 전기공사산업기사를 공부하는 분들께 많은 도움이 되기를 바라며, 본 교재가 나오기까지 많은 도움을 주신 배울학 학사 기획팀 관계자들께 감사의 말씀을 드립니다. 본 교재와 함께 하는 수많은 수험생은 자격증 취득의 영광과 더불어 앞날에 끝없는 발전이 함께하기를 기원합니다.

편저자 강장규

책의 특징

배울학 전기공사기사·전기공사산업기사

01 전기공사기사·전기공사산업기사 최단기간 합격을 위한 필기 필수 기본서

- 전기공사기사·전기공사산업기사 필기 시험을 대비하기 위한 필수 기본서로 출제기준에 꼭 필요한 핵심이론을 수록하였다.
- 효율적인 학습이 가능하도록 구성하였다. 또한, 예제와 적중실전문제를 수록하여 기본부터 실전까지 한 번에 완성할 수 있다.

02 최신 경향을 완벽 반영한 학습구성

최신 경향을 반영하여 단기적으로 학습할 수 있도록 체계적으로 구성하였다.

① 핵심이론 학습 후 바로 예제문제를 통하여 이론을 파악할 수 있다.
② 각 Chapter별 적중실전문제를 통해 빈출문제부터 최근 출제경향문제까지 다양한 유형의 문제를 파악할 수 있다.
③ 과목별로 필요한 핵심이론 및 문제를 한 권으로 집필하여 실전을 완벽하게 대비할 수 있다.

03 엄선된 문제 & 상세한 해설 수록

- 각 문제의 출제 빈도수에 따라 별 개수를 다르게 표시하여 그 문제의 중요도를 파악하고 효율적인 학습이 가능하도록 하였다.
- 모든 문제에 대한 상세한 해설을 수록하여 이해를 높일 수 있도록 하였다.

책의 구성

배울학 전기공사기사·전기공사산업기사

www.baeulhak.com

01 핵심이론

- 시험에 반드시 나오는 기본이론을 정리하여 체계적으로 학습한다.
- 기본핵심원리와 필수공식으로 이론을 확실하게 정립한다.

02 예제

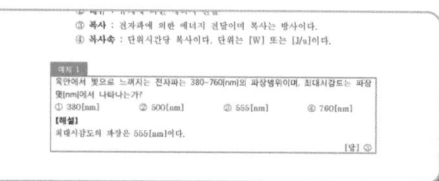

- 이론 학습 후 예제문제 풀이를 통해 취약점을 보완할 수 있다.
- 기본이론과 필수공식을 문제에 바로 적용하여 이론에 대한 이해와 암기 지속시간을 높이고 실전능력을 기른다.

03 적중실전문제

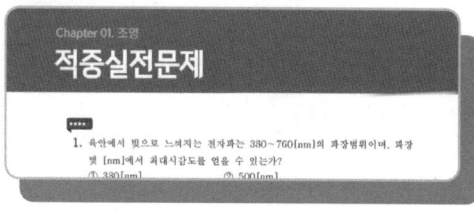

- 30여년 간의 과년도 기출문제를 완벽하게 분석하여 정리한 빈출문제 및 최근출제경향문제를 각 Chapter별로 수록하여 실전 적응력을 높일 수 있도록 한다.
- 문제의 중요도를 파악할 수 있도록 출제 빈도수를 표시하여 학습 효율성이 증대되도록 한다.

전기공사기사 · 공사산업기사 안내

개요

전기는 우리의 일상생활에서뿐만 아니라 전 산업분야에서 필수불가결한 기본 에너지이지만 전력시설물의 시공을 포함한 전기공사에는 각별한 주의와 함께 전문성이 요구된다.
이에 따라 전기공사시 그리고 시공된 시설물의 유지 및 보수에 안전성을 확보하고 전문인력을 확보하고자 자격제도를 제정한다.

전기공사기사 · 공사산업기사의 역할

- 전기공사비의 적산, 공사공정계획의 수립, 시공과정에서 전기의 적정여부 관리 등 주로 기술적인 직무를 수행한다.
- 공사현장 대리인으로서 시공자를 대리하여 전기공사를 현장관리를 하는 동시에 발주자에 대해서는 시공자를 대신하여 업무를 수행한다.

전기공사기사 · 공사산업기사의 전망

- 전기가 전 산업에서의 기본 에너지임을 감안할 때 전기시설물의 시공과 점검 및 유지·보수에 대한 관심이 지속되어 관련 전문가의 수요는 계속될 것이다.
- 전기는 현대사회와 산업발전에 필수적인 에너지로써 전력수요량과 전기공사량은 경제 성장과 함께 한다고 할 수 있는데, 현재는 통신설비와 기기의 기술이 크게 발전하여 이와 관련된 전문가라고 하더라도 지속적인 첨단장비의 설치 기술능력이 요구된다.
- 「전기공사업법」에서도 전기공사의 규모별 전기기술자의 시공관리 구분을 규정함으로써 전기기술자 이외에는 자가로 전기공사업무를 수행할 수 없도록 규정하고 있기 때문에 자격증 취득 시 진출범위가 넓고 취업이 유리하여 매년 많은 인원이 응시하고 있다.

전기공사기사 · 공사산업기사 자격증의 다양한 활용

취업

- 한국전력공사를 비롯한 여러 공기업체, 전기공사업체, 발전소, 변전소, 설계회사, 감리회사, 조명공사업체, 변압기, 발전기, 전동기 수리업체 등 전기가 쓰이는 모든 전기공사시공업체에 취업가능
- 일부는 전기공사업체를 자영하거나 전기직 공무원으로 진출하기도 함

가산점 제도

- 6급 이하 및 기술공무원 채용 시험 시 가산
- 공업직렬의 항공우주, 전기 직류와 해양교통시설 직류에서 8·9급 기능직, 기능 8급 이하일 경우 5%(6·7급 기능직, 기능 7급 이상일 경우 3 ~ 5%의 가산점 부여)
- 시설직렬의 도시계획, 일반토목, 농업토목, 교통시설, 도시교통설계직류에서 8·9급, 기능직 기능 8급 이하(6·7급, 기능직, 기능 7급 이상일 경우 5% 가산점 부여) ⇒ 기사만 해당
- 한국산업인력공단 일반직 5급 채용 시 필기시험 만점의 6% 가산
- 경찰공무원 채용 시험 시 가산점 부여

우대

- 국가기술자격법에 의해 공공기관 및 일반기업 채용 시 그리고 보수, 승진, 전보, 신분보장 등에 있어서 우대

시험 안내

원서접수 안내

- 접수기간 내 큐넷(http://www.q-net.or.kr) 사이트를 통해 원서접수
  (원서접수 시작일 10:00 ~ 마감일 18:00)

- 시험수수료
  필기 : 19,400원
  실기 : 22,600원(기사) / 20,800원(산업기사)

응시자격

기사	· 동일(유사)분야 기사 · 산업기사 + 1년 · 기능사 + 3년 · 동일종목외 외국자격취득자	· 대졸(졸업예정자) · 3년제 전문대졸 + 1년 · 2년제 전문대졸 + 2년 · 기사수준의 훈련과정 이수자 · 산업기사수준 훈련과정 이수 + 2년
산업기사	· 동일(유사)분야 산업 기사 · 기능사 + 1년 · 동일종목외 외국자격취득자 · 기능경기대회 입상	· 전문대졸(졸업예정자) · 산업기사수준의 훈련과정 이수자

시험과목

구분	전기기사	전기공사기사
기사	① 전기자기학 ② 전력공학 ③ 전기기기 ④ 회로이론 및 제어공학 ⑤ 전기설비기술기준	① **전기응용 및 공사재료** ② 전력공학 ③ 전기기기 ④ 회로이론 및 제어공학 ⑤ 전기설비기술기준

구분	전기산업기사	전기공사산업기사
산업기사	① 전기자기학 ② 전력공학 ③ 전기기기 ④ 회로이론 ⑤ 전기설비기술기준	① **전기응용** ② 전력공학 ③ 전기기기 ④ 회로이론 ⑤ 전기설비기술기준

검정방법 및 시험시간

구분	필기		실기	
	검정방법	시험시간	검정방법	시험시간
전기(공사)기사	객관식 4지 택일	과목당 20문항 (과목당 30분)	필답형	필답형 (2시간 30분)
전기(공사) 산업기사	객관식 4지 택일	과목당 20문항 (과목당 30분)	필답형	필답형 (2시간)

시험방법

- 1년에 3회 시험을 치르며, 필기와 실기는 다른 날에 구분하여 시행

합격자 기준

- 필기 : 100점을 만점으로 하여 과목당 40점 이상, 전과목 평균 60점 이상
- 실기 : 100점을 만점으로 하여 60점 이상
- 필기시험에 합격한 사에 대하여는 필기시험 합격자 발표일로부터 2년간 필기시험을 면제

합격자 발표

- 최종 정답 발표는 인터넷(http://www.q-net.or.kr)을 통해 확인 가능
- 최종 합격자 발표는 발표일에 인터넷(http://www.q-net.or.kr) 또는 ARS(1666-0100)로 확인 가능

필기 출제 경향 분석

배울학 전기공사기사·전기공사산업기사

전기공사기사

분류	출제빈도(%)
조명	12%
전열	11%
전동기	9%
자동제어	10%
전기화학	13%
전기철도	7%
공사재료	38%
총계	100%

전기공사산업기사

분류	출제빈도(%)
조명	26%
전열	22%
전동기	12%
자동제어	18%
전기화학	11%
전기철도	11%
총계	**100%**

목차

| 전기응용 및 공사재료

Chapter 01. 조명 · · · · · · · · · · · · · · · · 1
- 01. 조명 · 2
- 02. 조도 계산 · 5
- 03. 발광현상 · 7
- 04. 광원 · 10
- 05. 조명설계 · 16
- • 적중실전문제 · · · · · · · · · · · · · · · · 22

Chapter 02. 전열 · · · · · · · · · · · · · · · · 51
- 01. 전열의 기초 · · · · · · · · · · · · · · · · · 52
- 02. 전열의 응용 · · · · · · · · · · · · · · · · · 56
- • 적중실전문제 · · · · · · · · · · · · · · · · 64

Chapter 03. 전동기 · · · · · · · · · · · · · · 81
- 01. 운동 에너지 이론 · · · · · · · · · · · · · 82
- 02. 속도-토크특성 · · · · · · · · · · · · · · · 83
- 03. 전동기의 운전 · · · · · · · · · · · · · · · 86
- 04. 전동기 용량 계산 · · · · · · · · · · · · · 90
- 05. 전동기의 보호 · · · · · · · · · · · · · · · 91
- • 적중실전문제 · · · · · · · · · · · · · · · · 92

Chapter 04. 자동제어 · · · · · · · · · · · · 109
- 01. 자동제어계의 종류 · · · · · · · · · · · · 110
- 02. 전력용 반도체소자 · · · · · · · · · · · · 115
- 03. 정류 회로 · · · · · · · · · · · · · · · · · · 120
- • 적중실전문제 · · · · · · · · · · · · · · · · 122

Chapter 05. 전기화학 · · · · · · · · · · · · 147
- 01. 전기 화학 이론 · · · · · · · · · · · · · · 148
- 02. 전지 · 151
- • 적중실선문제 · · · · · · · · · · · · · · · · 157

Chapter 06. 전기철도 · · · · · · · · · · · · 177
- 01. 선로 · 178
- 02. 급전설비 · · · · · · · · · · · · · · · · · · · 180
- 03. 차량과 열차의 운전 · · · · · · · · · · · 186
- • 적중실전문제 · · · · · · · · · · · · · · · · 189

Chapter 07. 공사재료 · · · · · · · · · · · · 209
- 01. 전선 및 케이블 · · · · · · · · · · · · · · 210
- 02. 전선관 및 덕트 · · · · · · · · · · · · · · 214
- 03. 피뢰침과 피뢰기 · · · · · · · · · · · · · 217
- 04. 지지물 및 애자 · · · · · · · · · · · · · · 219
- 05. 기타 · 222
- • 적중실전문제 · · · · · · · · · · · · · · · · 224

KEC 제정 반영 사항 · · · · · · · · · · · · · · 258

Chapter 01

조명

01. 조명

02. 조도 계산

03. 발광현상

04. 광원

05. 조명설계

- 적중실전문제

Chapter 01 조명

01 조명

1) 가시광선

(1) 빛

빛은 전자파로서 사람의 눈으로 느낄 수 있는 범위를 가시광선이라 한다. **파장은 380[nm]~760[nm]범위를 갖는다.** 가시광선은 파장에 따라 그 빛깔이 달라진다.

색	보라	파랑	초록	노랑	주황	빨강
파장[nm]	380~450	450~490	490~550	550~590	590~640	640~760

(2) 파장의 단위

① $1[\mu m] = 10^{-6}[m]$

② $1[nm] = 10^{-9}[m]$

③ $1[\text{Å}] = 10^{-10}[m]$

2) 시감도

어느 파장의 에너지가 시감으로 느껴지는 밝음의 정도이다.

- 최대시감도는 555[nm]파장에서 황록색의 가시광선일 때의 시감도이다. 이때 시감도는 680[lm/W]이다.

- 비시감도는 최대시감도를 기준으로 한 다른 파장의 시감도 비이다.

$$비시감도 = \frac{임의 파장의 시감도}{최대시감도}$$

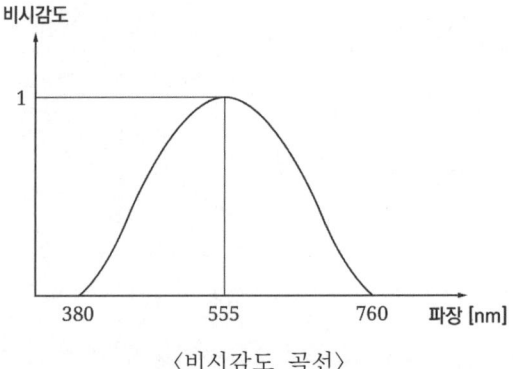

〈비시감도 곡선〉

(1) 에너지의 전달
① **전도** : 고체에 의한 에너지 전달
② **대류** : 유체에 의한 에너지 전달
③ **복사** : 전자파에 의한 에너지 전달이며 복사는 방사이다.
④ **복사속** : 단위시간당 복사이다. 단위는 [W] 또는 [J/s]이다.

예제 1

육안에서 빛으로 느껴지는 전자파는 380~760[nm]의 파장범위이며, 최대시감도는 파장 몇 [nm]에서 나타나는가?
① 380[nm]　　　② 500[nm]　　　③ 555[nm]　　　④ 760[nm]
【해설】
최대시감도의 파장은 555[nm]이다.

[답] ③

---

3) 조명의 이론
  (1) 광속 F[lm]
     가시범위의 복사속을 눈의 감도를 기준으로 측정한 것이다.

   ① 광속 $F = \omega I$ [lm], 단위는 루멘[lm]이다.
     여기서, ω[sr]는 입체각이며, 광원의 형태에 따라 입체각의 크기가 달라진다. 입체각의 단위는 스테라디안[sr]이다.
     • 구의 입체각 : 4π [sr]
     • 원통의 입체각 : π^2 [sr]
     • 평면의 입체각 : π [sr]
     • 원뿔의 입체각 : $2\pi(1-\cos\theta)$ [sr]

   ② 각 광원의 광속

   • 구광원의 광속 : $F = 4\pi I$ [lm]
   • 원통광원의 광속 : $F = \pi^2 I$ [lm]
   • 평면광원의 광속 : $F = \pi I$ [lm]
   • 점광원에 의한 원뿔입체각의 광속 : $F = 2\pi(1-\cos\theta)I$ [lm]

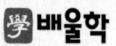

(2) 광도 I [cd]

광원에서 어떤 방향에 대한 단위 입체각 당 발산되는 광속으로서 발산광속의 입체각 밀도이다. 단위는 칸델라[cd]이다.

① 광도

$$I = \frac{F}{\omega} \text{ [cd]}$$

② 각 광원에 의한 광도

- 구광원에 의한 광도 : $I = \dfrac{F}{4\pi}$
- 원통광원에 의한 광도 : $I = \dfrac{F}{\pi^2}$
- 평면광원에 의한 광도 : $I = \dfrac{F}{\pi}$
- 점광원에 의한 원뿔입체각일 때의 광도 : $I = \dfrac{F}{2\pi(1-\cos\theta)}$

예제 2

조명에서 사용되는 칸델라[cd]는 다음 어느 용어의 단위인가?
① 광속　　　② 조도　　　③ 휘도　　　④ 광도

【해설】
칸델라[cd]는 광도 I의 단위이다.

[답] ④

02 조도 계산

조도 E는 단위면적당 입사광속이며 단위는 럭스[lx]이다.
$1\,[\text{lx}] = 1[\text{lm}/\text{m}^2]$이다.

1) 거리 역제곱의 법칙

법선 조도 E는 광도 I에 비례하고 거리 r의 제곱에 반비례한다.

$$E = \frac{I}{r^2}\,[\text{lx}]$$

2) 입사각 여현법칙

$$E = \frac{I}{r^2} cos\theta [\text{lx}]$$

바닥면(수평면) 조도는 광도 및 $cos\theta$에 비례하고, 거리제곱에 반비례한다.
입사각 θ의 여현(cos)에 비례하는 것이 입사각 여현법칙이다.

3) 광원으로부터 방향에 의한 조도의 구분

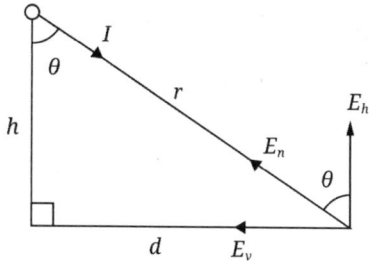

그림에서 $\cos\theta = \dfrac{h}{r}$ $\Rightarrow$ $r = \dfrac{h}{\cos\theta}$ 이다.

- 법선조도 : $E_n = \dfrac{I}{r^2}$ [lx]

- 수평면(바닥면)조도 : $E_h = E_n \cos\theta = \dfrac{I}{r^2}\cos\theta$ [lx]

- 수직면조도 : $E_v = E_n \sin\theta = \dfrac{I}{r^2}\sin\theta$ [lx]

- 수평면조도 E_h와 수직면 E_v가 같아지는 조건 : $h = d$일 때 $\theta = 45°$이다.

4) 점광원 이외의 크기를 가지는 광원에 의한 조도

단위구법 $E = \pi B \sin^2\theta$를 이용하여 광원에 따라 조도를 계산한다.

(1) 구광원

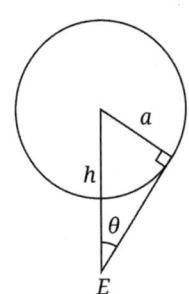

$$E = \pi B \sin^2\theta = \pi B \dfrac{a^2}{h^2}$$

(2) 반구형 천장

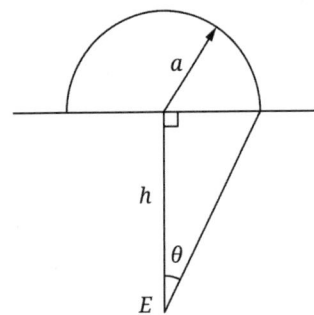

$$E = \pi B \sin^2\theta = \pi B \dfrac{a^2}{a^2 + h^2}$$

> **예제 3**
>
> 광도가 160[cd]인 점광원으로부터 4[m] 떨어진 거리에서, 그 방향과 직각인 면과 60° 기울어진 평면위의 조도는 몇 [lx]인가?
> ① 3   ② 5   ③ 10   ④ 20
>
> 【해설】
> 수평면 조도 $E_h = \dfrac{I}{r^2} cos\theta = \dfrac{160}{4^2} \times \dfrac{1}{2} = 5[lx]$
>
> [답] ②

03 발광현상

1) 발광원리

빛을 발생하는 원리는 온도복사와 루미네선스가 있다.

(1) 온도복사
물체의 온도를 높일 때 복사(방사)가 발산하는 것이다.

(2) 온도복사의 법칙
① 스테판 볼쯔만의 법칙(Stefan-Bolzman's law)
온도 T[K]인 흑체의 단위 표면적으로부터 단위 시간에 복사되는 전복사 에너지 W는 그 절대온도의 4승에 비례한다.

$$W = \delta T^4 \ [W/cm^2]$$

여기서, 스테판 볼쯔만상수 $\delta = 5.68 \times 10^{-8} [W/m^{-2}K^{-4}]$이다.
흑체는 입사하는 복사에너지를 모두 흡수하고, 반사와 투과를 하지 않는 가상의 물체이다.

② 빈의 변위법칙(Wien's displacement law)
흑체에서 최대복사의 파장 λ은 온도 T에 반비례한다.

$$\lambda = \frac{2896}{T}, \ \lambda T = 2896 [\mu \cdot K]$$

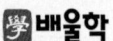

③ 프랑크의 방사법칙(Planck's radiation law)
   흑체의 온도방사는 분광방사가 온도와 함께 변화함을 나타낸 것이다.

$$S_\lambda = \frac{C_1}{\lambda^5} \cdot \frac{1}{e^{C_2/\lambda T} - 1} [\text{W/m}^{-2} \cdot \text{nm}^{-1}]$$

여기서 S_λ는 분광방사속의 발산도이다.
$C_1 = 1.438 \times 10^{-2} [\text{m} \cdot \text{deg}]$

예제 4

온도 T[K]의 흑체에 단위면적으로부터 단위 시간에 복사되는 전 복사에너지 W는 절대 온도 T의 몇 제곱에 비례하는가?
① 5   ② 4   ③ 3   ④ 2

【해설】
스테판 볼쯔만의 법칙은 $W = \delta T^4$이다.

[답] ②

2) 색온도

색온도는 같은 색을 내는 흑체의 온도이다.

(1) 주광색 : 6500[K]
(2) 주백색 : 4600[K]
(3) 백색 : 3500[K]

예제 5

주광색 형광등의 색온도[K]는?
① 3500   ② 4500   ③ 6500   ④ 7500

【해설】
주광색은 6500[K]이다.

[답] ③

3) 루미네선스
온도복사 이외의 모든 발광현상을 루미네선스라 한다.

(1) 복사(광)루미네선스 : 자외선, X선 또는 음극선으로 어떤 물질을 자극함으로써 발광하는 것
  ① **형광** : 물질을 자극하는 동안만 발광하는 것이다.
      형광등에 사용되는 형광물질은 규산아연이며, 자외선을 쪼이면 발광한다.
  ② **인광** : 물질에 자극을 멈춘 후에도 일정시간 발광이 지속되는 현상이다.
      야광에 사용되는 인광물질은 황화아연이다.

(2) 파이로 루미네선스 : 불꽃속의 금속증기의 발광, 발염아크 등
(3) 생물 루미네선스 : 반딧불이, 야광충 등의 발광
(4) 음극선 루미네선스 : 음극선이 물체를 충격할 때 발광, 브라운관
(5) 전기 루미네선스 : 기체중의 방전에 따른 발광, 방전등

> **- 방전등의 법칙 -**
> - 파셴의 법칙 : 방전개시 전압은 기체의 압력과 전극간의 거리의 곱으로 결정된다.
> - 스토크스의 법칙 : 발광되는 파장은 발광시키기 위하여 가해지는 원복사의 파장보다 더 길다.

예제 6

복사 루미네선스 중 자극을 주는 조사가 계속되는 동안만 발광 현상을 일으키는 것은?
① 형광   ② 마찰   ③ 인광   ④ 파이로

【해설】
형광은 물질을 자극하는 동안만 발광하는 것이다.
인광은 물질에 자극을 멈춘 후에도 일정시간 발광이 지속되는 현상이다.

[답] ①

04 광원

1) 백열전구

   백열전구는 온도복사를 이용한 발광원리이다. 필라멘트에 전류를 흘려 저항의 발열을 이용한다.

   (1) 구조와 재료

   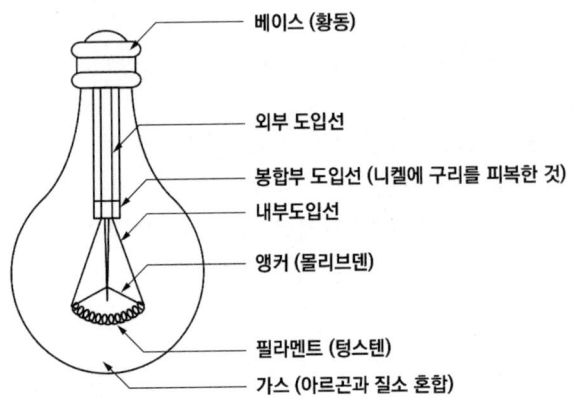

   (2) 필라멘트의 구비조건

   - 융점이 높을 것
   - 고유저항이 클 것
   - 선팽창계수가 작을 것
   - 온도계수가 작을 것
   - 고온도에서 기계적 강도가 크고, 증발이 적을 것
   - 가는 선으로 가공이 쉬울 것

   (3) 이중코일 필라멘트

   수명을 길게 하고, 효율을 높이기 위해 사용한다.

   (4) 게터

   필라멘트의 산화방지와 수명연장을 위해 필라멘트에 발라주는 물질이다.
   ① 진공전구 : 적린과 불화소다를 에틸알코올에 녹임
   ② 가스입전구 : 질화바륨에 카올린을 혼합

(5) 가스
① 전구내의 가스는 불활성 가스인 질소를 사용하며, 아르곤을 첨가시킨다.

- 질소는 산화방지 및 아크방지를 한다.
- 아르곤은 열전도율이 작으며 방전을 쉽게 한다.

② 가스압력은 상온에서 570[mmHg], 점등 시 760[mmHg]정도이다.

(6) 에이징
새로 만든 전구의 전력, 광속, 효율 등 특성을 안정화하기 위하여 정격보다 약간 높은 전압으로 수 십분 점등하는 것이다.

(7) 백열등의 동정곡선
동정곡선은 백열전구의 전력, 전류, 광속, 효율이 사용시간의 경과에 따라 감소하는 상태를 나타낸 것이다.

(8) 할로겐 전구
가스봉입 유리구 내에 요드, 염소 등 할로겐화합물을 미량 넣어 흑화를 방지하여 수명이 긴 텅스텐전구이다. 소형이며 효율이 높다.

예제 7

백열 전구에서 필라멘트의 재료로서 필요 조건 중 틀린 것은?
① 고유 저항이 적어야 한다.
② 선팽창률이 적어야 한다.
③ 가는 선으로 가공하기 쉬워야 한다.
④ 기계적 강도가 커야 한다.

【해설】
- 융점이 높을 것
- 고유저항이 클 것
- 선팽창계수가 작을 것
- 온도계수가 작을 것
- 높은 온도에서 기계적 강도가 크고, 증발이 적을 것
- 가는 선으로 가공이 쉬울 것

[답] ①

2) 형광방전등

유리관 내에 수은과 아르곤 등의 기체를 넣고, 방전시키면 253.7[nm]의 자외선이 발생되며, 이 자외선이 관 내벽에 칠한 형광물질을 자극하여 가시광선 380~760[nm]을 발산한다.

(1) 형광체의 광색
① 텅스텐산칼슘 : 청색
② 텅스텐산마그네슘 : 청백색
③ 규산아연 : 녹색(고효율)
④ 규산카드뮴 : 주광색(등색)
⑤ 붕산카드뮴 : 핑크색(정육점 진열장)

(2) 주위온도 25[℃]에서 관벽온도 40~45[℃]일 때의 효율이 가장 좋다.

(3) 형광등의 특성시험
① 초특성시험 : 점등 100시간 후의 광속 측정
② 동정특성시험 : 점등 500시간 후의 광속 측정

(4) 안정기
방전등을 일정전압의 전원에 연결하면 방전 개시에 관전류가 급속히 증대되어 방전등을 파괴한다. 안정기는 관전류를 제한하고 방전을 촉진하기 위한 것이다.

(5) 형광등이 백열등에 비하여 우수한 점
① 효율이 높고, 수명이 길다.
② 휘도가 낮다.
③ 열방사가 적다.
④ 필요한 광색을 쉽게 얻을 수 있다.

예제 8

조명 기구 중 효율이 가장 높은 것은?
① 자동차 전구   ② 백열 전구   ③ 탄소 아크등   ④ 형광등

【해설】
형광등은 루미네선스이므로 열손실이 적다.

[답] ④

3) 방전등
 (1) 수은등
　유리구 내에 들어 있는 수은 증기 중의 방전현상을 이용하는 것으로 발광관을 고온으로 유지하기 위하여 2중관으로 되어있다.

　① 저압수은등
- 수은증기압 : $10^{-3} \sim 10^{-1}$[mmHg], 발광효율 : 5[lm/W]
- 253.7[nm]의 자외선 발생, 살균용으로 사용

　② 고압수은등
- 수은증기압 : 760[mmHg] 정도, 발광효율 : $40 \sim 45$[lm/W]
- 도로조명, 투광조명에 사용

　③ 초고압수은등
- 수은증기압력 : 10~200기압, 발광효율 : $40 \sim 70$[lm/W]
- 효율과 광색이 좋아 가로등, 공장조명, 영화촬영, 영사기로 사용

 (2) 나트륨등
　발광관 내에 나트륨 증기압 4×10^{-3}[mmHg]의 방전에 의한 발광, 안정된 방전이 되기까지는 10분정도의 시간이 걸린다.

　① 특징
- 분광분포는 D선(파장589[nm], 주황색)이 대부분(76%)이다.
- 효율이 높다(80~150[lm/W]), 시감도는 0.765이다.
- 이론상의 효율은 395[lm/W]이다.

　② 용도
- 연색성이 좋지 않아 실내조명으로 사용하지 않는다.
- 투과력이 좋아 안개지역의 도로 또는 터널조명에 사용한다.

　※ 연색성이 좋은 순서
　　크세논등＞백열등＞형광등＞수은등＞나트륨등

(3) 네온관등

가늘고 긴 유리관에 가스를 넣고 높은 전압을 가하면 양광주(陽光柱, positive column) 부분이 발광하며, 가스의 종류에 따라 광색이 달라진다.

가스종류	네온(Ne)	헬륨(He)	아르곤+수은 (Ar+Hg)	나트륨(Na)
광색	주홍	백색	청색	황색

(4) 네온전구

유리구 내에 네온을 수십[mmHg] 넣은 소형전구이다.

① 특징

- 200[V]용 전극은 철 또는 니켈을 사용한다.
- 소형으로 소비전력이 적고 수명이 길다.

② 용도

- 소비전력이 작아 배전반의 파일럿램프로 이용한다.
- 음극이 발광하므로 직류의 극성 판별에 이용한다.
- 일정 전압에서 발광하므로 검전기, 교류 파고치 측정에 이용한다.
- 광도와 전류가 비례하므로 오실로스코프에 이용한다.

(5) EL등

전계 루미네선스(Electro-Luminescence)에 의한 발광등이다.
소형이며, 휘도가 낮으므로 일반조명이 아닌 표시등, 계측기 등으로 사용한다.

(6) HID(High Intensity Discharge Lamp)의 종류
  ① 고압 수은등
  ② 고압 나트륨등
  ③ 메탈할라이드등
  ④ 초고압 수은등
  ⑤ 고압 크세논 방전등

(7) 램프의 효율

램 프	효율[lm/W]	램 프	효율[lm/W]
나트륨 램프	80~150	수은 램프	40~70
메탈할라이드 램프	75~105	할로겐 램프	20~22
형광 램프	48~85	백열 전구	7 ~22

예제 9

저압 수은등에서 발산되는 스펙트럼에서 최대 에너지의 파장은?

① 556[nm]　　　② 355[nm]　　　③ 450[nm]　　　④ 253.7[nm]

【해설】

저압 수은등은 253.7[nm]의 자외선을 발생하며 살균용으로 사용한다.

[답] ④

05 조명설계

1) 조명방식
(1) 조명기구를 배광에 따라 분류

	조명 방법	그 림	광속 분포
①	직접 조명		상향광속 : 0~10[%] 하향광속 : 90~100[%]
②	반직접조명		상향광속 : 10~40[%] 하향광속 : 60~90[%]
③	간접 조명		상향광속 : 90~100[%] 하향광속 : 0~10[%]
④	반간접조명		상향광속 : 60~90[%] 하향광속 : 10~40[%]
⑤	전반확산조명		상향광속 : 40~60[%] 하향광속 : 60~40[%]

(2) 등기구 배치에 의한 분류

	조명 방식	그 림	설 명
①	전반조명		작업면조도가 균일하다. 작업위치가 변해도 등기구의 위치를 변경할 필요가 없다.
②	국부조명		원하는 작업면에만 조명하여 충분한 조도를 얻을 수 있다.
③	전반국부 병용조명		사무실, 공장 등의 조명으로 적당한 조도를 취할 수 있어 경제적이다.

예제 10

반직접 조명에서 하향광속의 배광은 몇 [%]인가?
① 0~30　　　② 30~60　　　③ 60~90　　　④ 90~100

【해설】
- 직접조명의 하향광속 : 90~100
- 반직접조명의 하향광속 : 60~90
- 간접조명의 하향광속 : 0~10
- 반간접조명의 하향광속 : 10~40

[답] ③

2) 조명기구
① 루버 : 빛을 아래쪽에 확산시키며 눈부심이 적다.
② 글로브(우유빛 유리) : 눈부심 방지, 전반확산 조명에 사용한다.
③ 무영등 : 그림자가 발생하지 않아 수술실에서 사용한다.

예제 11

광원의 전부 또는 대부분을 포위하는 것으로 일반적으로 확산성 유백색 유리로 되어 있으며 눈부심을 적게 하고 그 형상에 따라 배광이 다른 조명기구는?
① 글로브　　　　② 반사갓　　　　③ 투광기　　　　④ 루버
[답] ①

3) 등 높이와 등 간격
(1) 등 높이 H

조명 방식	그 림	설 명
① 직접조명	H	광원(등기구)에서 작업면까지 높이
② 간접조명	H	천장에서 작업면까지 높이

(2) 등 간격 S

- 등과 등 사이 : $S \leq 1.5H$
- 등과 벽 사이 : $S \leq \dfrac{1}{2}H$ (벽을 사용하지 않을 때)

　　　　　　　$S \leq \dfrac{1}{3}H$ (벽을 사용할 때)

예제 12

옥내 전반 조명에서 바닥면의 조도를 균일하게 하기 위하여 등간격은 등높이의 얼마가 적당한가? (단, 등간격 S, 등높이 H이다.)

① $S \leq 0.5H$ ② $S \leq H$ ③ $S \leq 1.5H$ ④ $S \leq 2H$

【해설】
- 등과 등 사이 : S≤1.5H
- 등과 벽 사이 : S≤$\frac{1}{2}$H (벽을 사용하지 않을 때)

  S≤$\frac{1}{3}$H (벽을 사용할 때)

[답] ③

4) 실내의 조도계산

(1) 실지수(Room Index)

방의 넓이와 높이에 따라 달라지는 조명률을 구하기 위한 값이다.

$$R \cdot I = \frac{XY}{H(X+Y)}$$

여기서, H : 등 높이, X : 방의 가로 길이, Y : 방의 세로 길이

(2) 조명률(U)

- 조명률 $U = \frac{\text{작업면의 입사광속 } F}{\text{광원의 전광속 } F_0} \times 100[\%]$
- 실지수, 조명기구의 종류, 실내면의 반사율에 따라 달라진다.

(3) 감광보상률(D)

점등된 조명등은 시간이 경과하면 등기구의 노후, 청소상태에 따라 작업면 조도가 감소한다. 조명설계시 여유를 주는 정도를 감광보상률이라 한다.

유지율(보수율)은 $M = \frac{1}{D}$ 로 감광보상률의 역수이다.

(4) 조명설계식

$$FUN = DAE$$
여기서, F : 광속[lm], U : 조명률, N : 광원의 수
D : 감광보상률, E : 작업면 조도[lx], A : 바닥면적[m²]
예) 조도 $E = \dfrac{FUN}{DA}$[lx], 광속 $F = \dfrac{DAE}{UN}$[lm]

예제 13

바닥면적 200[m²]의 교실에 광속 2500[lm]의 32[W] 형광등을 시설하여 평균 조도가 150[lx]로 되게 하려면 설치할 전등 수는? (단, 조명률 50[%], 감광보상율 1.25로 한다.)
① 18등　　　② 20등　　　③ 26등　　　④ 30등

【해설】
전등 수 $N = \dfrac{DAE}{FU} = \dfrac{1.25 \times 200 \times 150}{2500 \times 0.5} = 30$등

[답] ④

5) 도로조명 계산식
 (1) $FUN = DAE$

F : 광속[lm], U : 조명률, N : 등 수
D : 감광보상률, E : 조도[lx], A : 면적[m²]

(2) 가로등 1개가 담당하는 조명 면적 A를 구하여 조명설계식에 대입한다.

	배열 방식	그림	면적[m²]
①	중앙배열		$A = $ 등간격 × 도로폭
②	한쪽배열		$A = $ 등간격 × 도로폭
③	대칭배열		$A = $ 등간격 × 도로폭 × $\frac{1}{2}$
④	지그재그배열		$A = $ 등간격 × 도로폭 × $\frac{1}{2}$

예제 14

폭이 15 [m]이고, 무한히 긴 도로의 양쪽에 간격 20 [m]를 두고 무수한 가로등을 점등할 때 한 등의 광속이 3000 [lm]이고, 그 45 [%]가 도로 전면에 투사된다면 도로면의 평균조도[lx]는?
① 20 ② 18 ③ 9 ④ 4.5

【해설】

$E = \dfrac{FUN}{DA} = \dfrac{3000 \times 0.45 \times 1}{20 \times 15 \times \frac{1}{2} \times 1} = 9[\text{lx}]$, 감광보상률이 주어지지 않으면 1로 한다.

[답] ③

Chapter 01. 조명
적중실전문제

1. 육안에서 빛으로 느껴지는 전자파는 380~760[nm]의 파장범위이며, 파장 몇 [nm]에서 최대시감도를 얻을 수 있는가?
① 380[nm] ② 500[nm]
③ 555[nm] ④ 760[nm]

> **해설 1**
> 최대 시감도의 파장은 555[nm]이다.
>
> [답] ③

2. 시감도가 가장 크며 우리의 눈에 가장 잘 보이는 색깔은?
① 등색 ② 녹색 ③ 황록색 ④ 적색

> **해설 2**
> 최대시감도에 해당하는 색은 황록색이다.
>
> [답] ③

3. 최대 시감도에서의 발광 효율[lm/W]은?
① 555 ② 680 ③ 5550 ④ 6800

> **해설 3**
> 최대 시감도의 발광 효율은 680[lm/W]이다.
>
> [답] ②

4. 광속이란 무엇인가?
   ① 복사속을 눈으로 보아 빛으로 느끼는 크기이다.
   ② 단위 시간에 복사되는 에너지의 양이다.
   ③ 전자파 에너지를 얼마만큼의 밝기로 느끼게 하는가를 나타낸 것이다.
   ④ 복사속에 대한 광속의 비이다.

   해설 4
   광속은 복사속을 눈으로 보아 빛으로 느끼는 크기이다.

   [답] ①

5. 다음 중 휘도의 단위는 어느 것인가?
   ① [lx]   ② [rlx]   ③ [cd]   ④ [sb]

   해설 5
   휘도의 단위로 스틸브[sb], 니트[nt]은 다음과 같다.
   · $1[sb] = 1[cd/cm^2] \rightarrow 1[sb] = 10^4[nt]$
   · $1[nt] = 1[cd/m^2] \rightarrow 1[nt] = 10^{-4}[sb]$

   [답] ④

6. 눈부심을 일으키는 램프의 휘도의 한계는 대체로 얼마인가?
   ① $0.5[cd/cm^2]$ 이하
   ② $1.0[cd/cm^2]$ 이하
   ③ $3.0[cd/cm^2]$ 이하
   ④ $5.0[cd/cm^2]$ 이하

   해설 6
   사람 눈의 휘도의 한계는 $0.5[cd/cm^2]$ 이하이다.

   [답] ①

7. 다음 설명 중 잘못된 것은?

① 조도의 단위는 [lx] = [lm/m²]이다.
② 광속 발산도 단위 [lx/m]를 [radiant lux]라 하여 [lx]로 표시한다.
③ 광도의 단위는 [lm/sterad]로 [candela]라 하며 [cd]로 표시한다.
④ 휘도 보조 단위로는 [cd/cm²]를 사용하고 [stilb]라 하여 [sb]로 표시한다.

해설 7
광속발산도는 어느 면의 단위면적당 발산광속으로 단위는 래드럭스[rlx] = [lm/m²]이다.
[답] ②

8. 반사율 ρ, 투과율 τ, 흡수율 δ 일 때 이들의 관계식은?

① $\rho + \tau - \delta = 1$
② $\rho - \tau + \delta = 1$
③ $\rho + \tau + \delta = 1$
④ $\rho - \tau - \delta = 1$

해설 8
전광속=반사광속+투과광속+흡수광속 이므로 $\rho + \tau + \delta = 1$ 이다.
[답] ③

9. 200[W] 전구를 우유색 구형 글로브에 넣었을 경우, 우유색 유리 반사율을 30[%], 투과율은 50[%]라고 할 때 글로브의 효율[%]을 구하면?

① 약 88 ② 약 83 ③ 약 76 ④ 약 71

해설 9
글로브 효율 $\eta = \dfrac{\tau}{1-\rho} \times 100 = \dfrac{0.5}{1-0.3} \times 100 = 71[\%]$
[답] ④

★★★★

10. 반사율 40[%], 투과율 10[%]인 종이에 1000[lm]의 빛을 비추었을 때 흡수되는 광속[lm]은?

① 250　　　② 400　　　③ 500　　　④ 650

해설 10

$1000 - 1000 \times 0.4 - 1000 \times 0.1 = 500[\text{lm}]$

[답] ③

★★★★★

11. 완전 확산면은 어느 방향에서 보아도 무엇이 같은가?

① 광속　　　② 조도　　　③ 광도　　　④ 휘도

해설 11

휘도는 방향과 관계없이 같다.

[답] ④

★★★

12. 전반 완전 확산 반사면으로 되어 있는 밀폐 구 내에 광원을 두었을 때 그 면의 확산 조도는 어떻게 되는가?
① 광원의 형태에 의하여 변한다.
② 광원의 위치에 의하여 변한다.
③ 광원의 배광에 의하여 변한다.
④ 구의 지름에 의하여 변한다.

해설 12

$E = \dfrac{F}{S} = \dfrac{F}{\pi D^2}$ 식에 따라, 구의 넓이 πD^2에 반비례하므로 구의 지름에 의해 변한다.

[답] ④

★★

13. 완전 확산면의 휘도 B와 광속 발산도 R과의 관계는?

① $R = 4\pi B$
② $R = B/\pi$
③ $R = \pi B$
④ $R = \pi^2 B$

> **해설 13**
> 광속 발산도 $R = \pi B$ 이다.

[답] ③

★★★

14. 반사율 80[%]의 완전 확산성의 종이를 100[lx]의 조도로 비추었을 때 종이의 휘도[cd/m²]는?

① 25 ② 30 ③ 37 ④ 45

> **해설 14**
> 광속발산도 R, 휘도 B, 조도 E의 관계는 $R = \pi B = \rho E$ 이다.
> 따라서 $B = \dfrac{\rho E}{\pi} = \dfrac{0.8 \times 100}{\pi} = 25\,[\text{cd/m}^2]$

[답] ①

★★★

15. 반사율 ρ, 투과율 τ, 반지름 r인 완전 확산성 구형 글로브의 중심의 광도 I의 점광원을 켰을 때, 광속 발산도는?

① $\dfrac{\rho I}{r^2(1-\rho)}$
② $\dfrac{4\pi\rho I}{r^2(1-\tau)}$
③ $\dfrac{\tau I}{r^2(1-\rho)}$
④ $\dfrac{\rho\pi I}{r^2(1-\rho)}$

> **해설 15**
> $R = \pi B = \eta E = \dfrac{\tau}{(1-\rho)} \times \dfrac{I}{r^2} = \dfrac{\tau I}{r^2(1-\rho)}$

[답] ③

16. 넓이 20[m]×30[m]의 실내 높이 3[m]인 천장에 완전 확산성 유리를 끼고 그 내부에 전등을 다수 설치하여 천장에 균일한 휘도 0.004[cd/cm²]를 얻었다. 이때 중앙의 조도는?

① 14[lx]   ② 40[lx]
③ 125.6[lx]   ④ 0.0126[lx]

해설 16

$E = R = \pi B = \pi \times 0.004 \times 10^4 = 125.6 [\text{lx}]$

[답] ③

17. 지표상 6[m]의 높이에 백열전등을 장치하여 가로 조명을 하는 경우에 전등 바로 아래로부터 8[m] 떨어진 P점의 법선 조도[lx]는? (단, 전등의 P점을 향하는 방향의 광도는 50[cd]이다.)

① 0.2
② 0.3
③ 0.4
④ 0.5

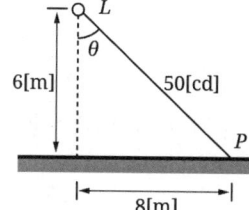

해설 17

$E = \dfrac{I}{r^2} = \dfrac{50}{10^2} = 0.5 [\text{lx}]$

[답] ④

18. 그림과 같이 바닥 BC에서 높이 3[m], 벽 AB에서 거리 4[m]되는 곳에 있는 광원 L에 의하여 모서리 B의 바닥에 생긴 조도가 20[lx]일 때, B로 향하는 방향의 광도[cd]는 약 얼마인가?

① 780
② 833
③ 900
④ 950

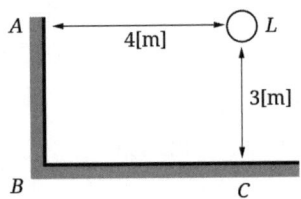

해설 18

$E = \dfrac{I}{r^2} \cos\theta$ 에서　$20 = \dfrac{I}{5^2} \times \dfrac{3}{5}$　$\therefore I = 833[\text{lx}]$

[답] ②

19. 그림과 같은 높이 3[m]의 가로등 A, B가 8[m]의 간격으로 배치되어 있고, 그 중앙에 P점에서 조도계를 A로 향하여 측정한 법선 조도가 1[lx], B를 향하여 측정한 법선 조도가 0.8[lx]라 한다. P점의 수평면 조도는 몇 [lx]인가?

① 1.8
② 1.48
③ 1.08
④ 0.65

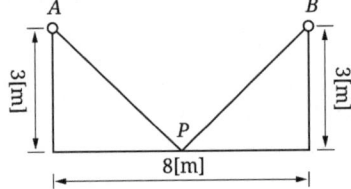

해설 19

A광원에 의한 수평면 조도 $= A$의 법선조도 $\times \cos\theta = 1 \times \dfrac{3}{5} = 0.6[\text{lx}]$

B광원에 의한 수평면 조도 $= B$의 법선조도 $\times \cos\theta = 0.8 \times \dfrac{3}{5} = 0.48[\text{lx}]$

P점의 수평면조도는 두 광원의 조도를 합한 것과 같다.
0.6+0.48=1.08[lx]

[답] ③

20. 그림과 같은 광원 S에 의하여 단면의 중심이 O인 원통형 연돌을 비추었을 때 원통의 표면상의 한 점 P에서의 조도 값은 약 몇 [lx]인가?
    (단, SP의 거리는 10[m], ∠OSP = 10°, ∠SOP = 20° 광원의 SP 방향의 광도를 1000[cd]라고 한다.)

    ① 4.3
    ② 6.7
    ③ 8.6
    ④ 9.9

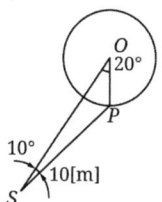

해설 20

$$E = \frac{I}{r^2}cos\theta = \frac{1000}{10^2} \times cos30° = 8.66[lx]$$

[답] ③

21. 그림과 같이 반구형 천장이 있다. 반지름 r이 30[cm], 반구 내의 휘도 B는 4487 [cd/m²]로 균일하다. 이때 a = 2.5[m] 거리에 있는 바닥의 P점의 조도는 몇 [lx]인가?

    ① 100
    ② 200
    ③ 300
    ④ 400

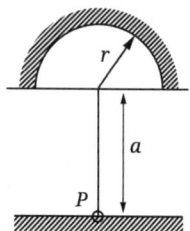

해설 21

반구형 천장일 경우 조도 $E = \pi B sin^2\theta$

그림에서 $sin\theta$는 $\frac{r}{\sqrt{r^2+a^2}} = \frac{0.3}{\sqrt{0.3^2+2.5^2}} = 0.12$

∴ $E = \pi B sin^2\theta = \pi \times 4487 \times (0.12)^2 = 202[lx]$

[답] ②

22. 2000[cd]의 점광원으로부터 4[m] 떨어진 점에서 광원에 수직한 평면상으로 1/50초간 빛을 비추었을 때의 노출[lx]은 얼마인가?

① 2.5   ② 3.7   ③ 5.7   ④ 6.3

해설 22

노출조도는 조도×노출시간 이므로 $\dfrac{I}{r^2} \times t = \dfrac{2000}{4^2} \times \dfrac{1}{50} = 2.5[\text{lx}]$

[답] ①

23. 백열전구의 전광속이 1200[lm]이다. 입체각 600[sr]으로 복사되고 있을 때 광도[cd]는 얼마인가?

① 1   ② 2   ③ 3   ④ 4

해설 23

광도 $I = \dfrac{F}{\omega} = \dfrac{1200}{600} = 2[\text{cd}]$

[답] ②

24. 휘도가 균일한 긴 원통 광원의 축 중앙 수직 방향의 광도가 100[cd]일 때 전 광속은 약 몇 [lm]인가?

① 514   ② 100   ③ 986   ④ 1256

해설 24

$F = \pi^2 I = \pi^2 \times 100 = 986[\text{lm}]$

[답] ③

25. 휘도가 균일한 긴 원통 광원의 축 중앙 수직 방향의 광도가 200[cd]이다. 전광속 F[lm]과 평균 구면 광도 I[cd]를 각각 구하면?

① 약 $F = 1971$, 약 $I = 200$
② 약 $F = 1971$, 약 $I = 157$
③ 약 $F = 628$, 약 $I = 200$
④ 약 $F = 628$, 약 $I = 157$

해설 25

$F = \pi^2 I = \pi^2 \times 200 = 1971 [\text{lm}]$

$I = \dfrac{F}{4\pi} = \dfrac{1971}{4\pi} = 157 [\text{cd}]$

[답] ②

26. 지름이 3[cm] 길이 1.2[m]인 관형 광원의 직각 방향의 광도를 504[cd]라고 하면 이 광원 표면 위의 휘도[sb]는?

① 5.6 ② 4.4 ③ 2.6 ④ 1.4

해설 26

$B = \dfrac{I}{S} = \dfrac{504}{3 \times 120} = 1.4 [\text{sb}]$, 여기서 S는 광원의 투영면적 $[\text{cm}^2]$이다.

[답] ④

27. 완전 확산면의 광속 발산도가 2,500[rlx]일 때 휘도는 약 몇 $[\text{cd/m}^2]$인가?

① 838 ② 796 ③ 636 ④ 536

해설 27

$R = \pi B$에서 $\therefore B = \dfrac{R}{\pi} = \dfrac{2500}{\pi} = 796 [\text{cd/m}^2]$

[답] ②

28. 완전 확산면의 광속 발산도가 1,000[rlx]일 때 휘도는 약 몇 [cd/cm²]인가?
   ① 0.01   ② 0.32
   ③ 0.032   ④ 0.1

   해설 28
   $\therefore B = \dfrac{R}{\pi} = \dfrac{1000 \times 10^{-4}}{\pi} = 0.032[cd/cm^2]$

   [답] ③

29. 광속 500[lm]인 광원을 기구효율 80[%]인 기구로 사용하여 투과율 80[%]인 5[m²]의 유리면을 균일하게 비추었을 때, 그 이면의 광속 발산도[rlx]는?
   ① 64   ② 76   ③ 98   ④ 105

   해설 29
   $R = \tau E = \tau \times \dfrac{F}{S} \times \eta = 0.8 \times \dfrac{500}{5} \times 0.8 = 64[rlx]$

   [답] ①

30. 루소선도에 의하여 광원의 광속을 구할 경우 광원을 중심으로 원의 반경을 r, 루소 선도의 면적을 S라 하면 광원의 전광속 F는?
   ① $\dfrac{2\pi S}{r}$ ② $\dfrac{S}{2r}$ ③ $\dfrac{4\pi S}{r}$ ④ $\dfrac{4\pi r^2}{S}$

   해설 30
   전광속 $F = \dfrac{2\pi}{r}S[lm]$이다.

   [답] ①

31. 어떤 전구의 상반구 광속은 2000[lm], 하반구 광속은 3000[lm]이다. 평균 구면 광도는 약 몇 [cd]인가?

① 200　　　　　② 400　　　　　③ 600　　　　　④ 800

해설 31

전구의 총 광속 $F=2000+3000=5000[\text{lm}]$이므로

구면광도 $I = \dfrac{F}{4\pi} = \dfrac{5000}{4\pi} = 400[\text{cd}]$

[답] ②

32. 루소 선도가 그림과 같은 광원의 배광곡선의 식은?

① $I_\theta = 100\cos\theta$

② $I_\theta = 50(1+\cos)$

③ $I_\theta = \dfrac{2\theta}{\pi} \cdot 100$

④ $I_\theta = \dfrac{\pi - 2\theta}{\pi} \cdot 100$

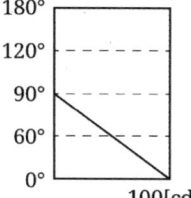

해설 32

$I_\theta = 100\cos\theta$

$\theta = 0°$ 일 때 $I_\theta = 100[\text{cd}]$

$\theta = 60°$ 일 때 $I_\theta = 50[\text{cd}]$

$\theta = 90°$ 일 때 $I_\theta = 0[\text{cd}]$

[답] ①

33. 루소 선도가 그림과 같은 광원의 배광 곡선의 식을 구하여라.

① $I_\theta = \dfrac{\theta}{\pi}100$

② $I_\theta = \dfrac{\pi - \theta}{\pi}100$

③ $I_\theta = 100\cos\theta$

④ $I_\theta = 50(1 + \cos\theta)$

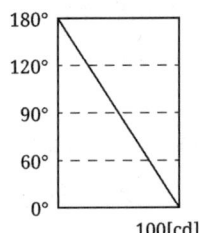

해설 33

$I_\theta = 50(1 + \cos\theta)$

$\theta = 0°$일 때 $I_\theta = 100[\text{cd}]$

$\theta = 60°$일 때 $I_\theta = 75[\text{cd}]$

$\theta = 90°$일 때 $I_\theta = 50[\text{cd}]$

$\theta = 180°$일 때 $I_\theta = 0[\text{cd}]$

[답] ④

34. 흑체의 온도복사에 관한 표현 중 틀린 것은?
① 전 복사 에너지는 절대온도의 4승에 비례한다.
② 최대 에너지는 절대온도의 2승에 비례한다.
③ 최대 복사 에너지의 파장은 절대온도에 반비례한다.
④ 흑체의 온도가 높아질수록 최대 복사 에너지 파장은 짧아진다.

해설 34

스테판 볼쯔만의 법칙 $W = \delta T^4$, 빈(Wien)의 변위법칙 $\lambda \propto \dfrac{1}{T}$

[답] ②

35. 온도 T[K]의 흑체에 단위 면적으로부터 단위 시간에 복사되는 전 복사 에너지 W는 절대 온도 T의 몇 제곱에 비례하는가?

① 5   ② 4   ③ 3   ④ 2

해설 35

스테판 볼쯔만 법칙 $W = \delta T^4$

[답] ②

36. 온도가 2000[K] 되는 흑체의 전방사 에너지는 1000[K]일 때의 값의 몇 배가 되는가?

① 2배   ② 4배   ③ 8배   ④ 16배

해설 36

스테판 볼쯔만의 법칙은 $W = \delta T^4$ 이다.

온도가 $\frac{2000}{1000}$ 이므로 2배이다. ∴ $W = 2^4 = 16$배

[답] ④

37. 일반적으로 발광되는 파장은 발광시키기 위하여 가한 원복사의 파장보다 길다는 법칙은?

① 프랑크의 법칙   ② 스테판-볼츠만의 법칙
③ 스토크스의 법칙   ④ 빈의 변위 법칙

해설 37

방전등의 법칙
① 파셴의 법칙은 방전개시 전압은 기체의 압력과 전극 간의 거리의 곱으로 결정된다.
② 스토크스의 법칙은 발광되는 파장은 발광시키기 위하여 가한 원복사의 파장보다 실어진다.

[답] ③

38. 형광체가 발산하는 복사의 파장은 조사된 복사의 파장보다 항상 길다는 법칙은?
　　① 프랑크의 법칙　　　② 스테판 볼쯔만의 법칙
　　③ 스토크스의 법칙　　④ 빈의 변위 법칙

　해설 38
　스토크스의 법칙은 형광체가 발산하는 복사의 파장은 조사된 복사의 파장보다 항상 길다.

[답] ③

39. 방전 개시 전압을 나타내는 법칙은?
　　① 스토크스의 법칙　　② 패닝의 법칙
　　③ 파셴의 법칙　　　　④ 톰슨의 법칙

　해설 39
　파셴의 법칙은 방전 개시 전압을 나타내는 법칙이다.

[답] ③

40. 복사 루미네선스에서 자극을 주는 조사가 계속되는 동안만 발광하는 현상은?
　　① 형광　　　② 마찰　　　③ 인광　　　④ 파이로

　해설 40
　형광 : 물질을 자극하는 동안만 발광하는 것
　인광 : 물질에 자극을 멈춘 후에도 일정시간 발광이 지속되는 현상

[답] ①

⭐⭐⭐⭐⭐

41. 가스를 넣은 전구에서 질소 대신 아르곤을 쓰는 이유는?

① 값이 싸다.
② 열의 전도율이 크다.
③ 열의 전도율이 작다.
④ 비열이 작다.

해설 41
전구 내 가스는 열의 전도율이 작아야 한다.

[답] ③

⭐⭐⭐⭐

42. 2중 코일 필라멘트 사용 시 그 효과는?

① 효율을 좋게 한다.
② 광색을 개선한다.
③ 휘도를 줄인다.
④ 배색을 개선한다.

해설 42
수명을 길게 하고, 효율을 높이기 위해 사용한다.

[답] ①

⭐⭐⭐

43. 전구의 봉합부 도입선으로 쓰이는 재료는?

① 구리선
② 몰리브덴
③ 구리에 니켈강을 피복한 것
④ 니켈강에 구리를 피복한 것

해설 43
외부와 내부를 연결하는 봉함부의 도입선은 유리와 팽창계수가 같아야 하므로 니켈-강 합금에 구리(동)를 피복한 듀밋선을 사용한다.

[답] ④

44. 백열전구의 동정 곡선은 다음 중 어느 것을 결정하는 중요한 요소가 되는가?
① 전류, 광속, 효율, 시간
② 전류, 광속과 전압
③ 광속, 휘도와 전류
④ 전류, 광도 및 전압

> **해설 44**
> 백열등의 동정곡선
> 백열전구는 사용시간이 지남에 따라 필라멘트가 가늘어지고 저항이 증가하게 되어 전류가 감소하고 광속도 줄어들어 효율이 떨어지게 된다.
>
> [답] ①

45. 백열전구의 일종이며, 백열전구에 비하여 소형이며 발생광속이 크고 배광의 제어가 쉽다. 광학계 조명기구와 조합하여 원거리 대상물 조명에 좋다. 점등 시 전구의 외피 온도는 250[℃] 정도로 주의를 요하며 사용 중 이동을 삼가야 하는 전구는?
① 사진용 전구
② 할로겐 전구
③ 적외선 전구
④ 영사용 전구

> **해설 45**
> 할로겐 전구
> ① 백열전구의 일종으로 소형이며 발생광속이 크고, 배광제어가 쉽다.
> ② 스포트라이트 등에 쓰이며 흑화가 거의 일어나지 않는다.
>
> [답] ②

46. 진공전구에 적린 게터를 사용하는 이유는?
    ① 광속을 많게 한다.
    ② 전력을 작게 한다.
    ③ 효율을 좋게 한다.
    ④ 수명을 길게 한다.

    해설 46
    게터는 전구 수명을 길게 하기 위하여 사용한다.

    [답] ④

47. 광원의 연색성이 좋은 순으로 바르게 배열한 것은 어느 것인가?
    ① 크세논등, 백색형광등, 형광수은등, 나트륨등
    ② 백색형광등, 형광수은등, 나트륨등, 크세논등
    ③ 형광수은등, 나트륨등, 크세논등, 백색형광등
    ④ 나트륨등, 크세논등, 백색형광등, 형광수은등

    해설 47
    • 연색성이 좋은 순서
    크세논등〉형광등〉수은등〉나트륨등

    [답] ①

48. 전원을 넣자마자 곧바로 점등되는 형광등용의 안정기는?
    ① 글로우 스타트식
    ② 필라멘트 단락식
    ③ 래피드 스타트식
    ④ 점등관식

    해설 48
    래피드 스타트식이 점등속도가 제일 빠르다.

    [답] ③

49. 조명 기구 중 효율이 가장 높은 것은?
① 자동차 전구 ② 백열 전구
③ 탄소 아크등 ④ 형광등

해설 49
형광등은 루미네선스이므로 열손실이 적다.

[답] ④

50. 형광등에서 가장 효율이 높은 색깔은?
① 백색 ② 적색 ③ 주광색 ④ 녹색

해설 50
• 효율이 높은 순서: 녹색>백색>주광색>적색

[답] ④

51. 청색 형광 램프의 형광체는?
① 텅스텐산칼슘 ② 규산카드뮴
③ 규산아연 ④ 붕산카드뮴

해설 51
① 텅스텐산칼슘 : 청색
② 규산아연 : 녹색(효율이 가장 좋다.)
③ 붕산카드뮴 : 핑크색(정육점의 진열장)

[답] ①

52. 다음 중 형광체로 쓰이지 않는 것은?

① 텅스텐산칼슘　　② 규산아연
③ 붕산카드뮴　　　④ 황산나트륨

해설 52
형광체로 황산나트륨은 사용하지 않는다.

[답] ④

53. 형광 방전등의 효율이 가장 좋으려면 주위 온도[℃]와 관벽 온도[℃]는 각각 어느 것이 적당한가?

① 주위 온도 40[℃], 관벽 온도 40~45[℃]
② 주위 온도 25[℃], 관벽 온도 40~45[℃]
③ 주위 온도 40[℃], 관벽 온도 20~30[℃]
④ 주위 온도 25[℃], 관벽 온도 20~30[℃]

해설 53
형광등 효율이 가장 좋은 주변 온도는 20~25[℃]이며,
형광등 효율이 가장 좋은 관벽 온도는 40~45[℃]이다.

[답] ②

54. 광원의 광색 온도란?

① 색을 낼 때의 온도
② 같은 색을 낼 때의 백금의 온도
③ 같은 색을 내는 흑체의 온도
④ 같은 색을 내는 열 루미네선스의 온도

해설 54
광색 온도는 같은 색을 내는 흑체의 온도이다.

[답] ③

55. 주광색 형광등의 색온도[K]는?

① 3500　　② 4500　　③ 6500　　④ 7500

해설 55

색온도 : 같은 색을 내는 흑체의 온도
주광색 : 6500[K] 태양의 색온도
백색 : 4500[K]
온백색 : 3500[K]

[답] ③

56. 저압 수은등에서 발산되는 스펙트럼에서 최대 에너지의 파장은?

① 5560[Å]　　② 3550[Å]
③ 4500[Å]　　④ 2537[Å]

해설 56

저압수은등
수은증기압력은 $10^{-3} \sim 10^{-1}$[mmHg]이며,
2537[Å]의 자외선을 발생하여 살균용으로 사용한다.

[답] ④

57. 방전등의 일종으로서 효율이 대단히 좋으며, 광색은 순황색이고 연기나 안개 속을 잘 투과하는 램프는?

① 수은등　　② 형광등　　③ 나트륨등　　④ 옥소전구

해설 57

나트륨등의 특성
분광분포는 D선(파장5890[Å], 주황색)이 대부분(76%)이다.
효율이 높다(80~150[lm/W]), 이론상의 효율은 395[lm/W]이다.
연색성이 좋지 않으므로 실내조명으로 사용하지 않는다.
투과력이 좋아 안개지역의 가로등이나 터널조명에 사용된다.

[답] ③

58. 특수형광 물질과 유전체를 혼합한 형광체에 교류전압을 가하여 발광시킨 면 광원 램프는?
    ① 나트륨 램프   ② EL 램프
    ③ 제논 램프   ④ 형광 램프

    해설 58
    특수형광 물질과 유전체를 혼합한 형광체를 유리면에 바르고 교류전압을 가하면 형광체에 교번전계가 발생하여 발광하게 된다.

    [답] ②

59. 메탈 할라이드 램프에 대한 설명으로 옳지 않은 것은?
    ① 고휘도이고 1등당 광속이 많고 배광제어가 쉽다.
    ② 연색성이 나쁘다.
    ③ 수명이 길고 효율이 높다.
    ④ 시동전압이 높으며 점등 방향이 수평이 되어야 한다.

    해설 59
    수은등에 할로겐 화합물을 넣은 램프로 연색성이 비교적 뛰어나고 효율도 수은등의 1.5배에 이르며, 수명은 6,000~9,000시간이다. 옥내외의 스포츠 시설, 높은 천장으로 된 공장 내부 등의 조명으로 널리 쓰인다.

    [답] ②

60. 등기구 중 특별히 표시할 경우 용량 앞에 각각의 기호를 표시한다. 알맞게 표시된 기호는?
    ① 형광등 : F   ② 수은등 : N
    ③ 나트륨등 : T   ④ 메탈 할라이드등 : H

    해설 60
    수은등 : H   나트륨등 : N   메탈 할라이드등 : M

    [답] ①

61. 다음 중 일반적으로 휘도가 가장 높은 램프는?
① 백열전구   ② 탄소 아크등
③ 고압 수은등   ④ 형광등

해설 61
탄소전극 사이 공기 속에서 아크 방전을 일으키게 하여 아크의 발광을 광원으로 한 것으로 휘도가 높아 영화촬영, 영사기 등에 사용한다.

[답] ②

62. HID 램프가 아닌 것은?
① 고압 수은 램프   ② 고압 나트륨 램프
③ 고압 옥소 램프   ④ 메탈 할라이드 램프

해설 62
고휘도 방전램프 HID(High Intensity Discharge Lamp)의 종류
① 고압 수은등   ② 고압 나트륨등
③ 메탈 할라이드등   ④ 초고압 수은등
⑤ 고압 크세논 방전등

[답] ③

63. 방전등의 전압 전류 특성은 부특성이므로 이것을 일정 전압의 전원에 연결하면 전류가 급속히 증대되어 방전등을 파괴한다. 이것을 방지하기 위하여 필요한 장치는?
① 점등관   ② 콘덴서   ③ 안정기   ④ 초크 코일

해설 63
안정기는 방전등의 전류를 안정시키기 위한 장치이다.

[답] ③

64. 반 간접 조명의 설계에서 등의 높이란?

① 피조면에서 등까지의 높이
② 바닥면에서 등까지의 높이
③ 피조면에서 천장까지의 높이
④ 바닥면에서 천장까지의 높이

해설 64
반 간접 조명의 높이는 피조면에서 천장까지의 높이이다.

[답] ③

65. 직접 조명 기구의 하향 광속 비율이 가장 적당한 것은?

① 10 ~ 40[%]
② 40 ~ 60[%]
③ 60 ~ 90[%]
④ 90 ~ 100[%]

해설 65
• 조명방식에 따른 하향광속의 비율
① 직접조명의 하향광속 : 90~100[%]
② 반직접조명의 하향광속 : 60~90[%]
③ 간접조명의 하향광속 : 0~10[%]
④ 반간접조명의 하향광속 : 10~40[%]

[답] ④

66. 광원의 전부 또는 대부분을 포위하는 것으로 일반적으로 확산성 유백색 유리로 되어 있으며 눈부심을 적게 하고 그 형상에 따라 배광이 다른 조명기구는?

① 글로브 ② 반사갓 ③ 투광기 ④ 루버

해설 66
글로브는 유백색 유리로 되어 있으며 눈부심을 적게 하고 형상에 따라 배광이 달라진다.

[답] ①

67. 빛을 아래쪽에 확산, 복사시키며 또 눈부심을 적게 하는 조명기구는?

① 루버 ② 반사볼 ③ 투광기 ④ 글로브

해설 67
루버는 시야 보호각에 의해 눈부심을 적게 하고, 글로브는 유백색의 유리로 눈부심을 적게 하는 기구이다.

[답] ①

68. 조명기구나 소형전기기구에 전력을 공급하는 것으로 상점이나 백화점, 전시장 등에서 조명기구의 위치를 바꾸기가 빈번한 곳에 사용되는 것은?

① 라이팅덕트 ② 스포트라이트
③ 다운라이트 ④ 코퍼라이트

해설 68
조명의 위치를 바꾸기 쉽도록 레일 형식으로 전력을 공급하는 것이다.

[답] ①

69. 무대 조명의 배치별 구분 중 무대 상부 배치 조명에 해당되는 것은?

① Foot light
② Tower light
③ Suspension Spot light
④ Ceiling Spot light

해설 69

Foot light, Tower light : 무대 하부조명
Ceiling Spot light : 객석 배치조명

[답] ③

70. 방의 가로 6[m], 세로가 9[m], 광원의 높이가 3[m]인 방의 실지수는?

① 162　　② 18　　③ 1.8　　④ 1.2

해설 70

$$K = \frac{XY}{H(X+Y)} = \frac{6 \times 9}{3(6+9)} = 1.2$$

[답] ④

71. 다음 중 감광보상율과 가장 관계가 먼 것은?

① 등기구의 오손　　② 천장의 먼지
③ 벽 및 바닥 등의 색상변화　　④ 조명률

해설 71

감광보상률
조명을 점등하고 일정 시간이 지나면 등기구의 노후, 청소상태에 따라 광속이 감소하므로 조명설계시 조도에 여유를 주는 정도로 조명률과 관계없다.

[답] ④

72. 옥내 전반 조명에서 바닥면의 조도를 균일하게 하기 위하여 등간격은 등높이의 얼마가 적당한가? (단, 등간격 S, 등높이 H이다.)

① $S \leq 0.5H$ ② $S \leq H$
③ $S \leq 1.5H$ ④ $S \leq 2H$

해설 72

간격 S
등과 등 사이 : $S \leq 1.5H$
등과 벽 사이 : $S \leq \frac{1}{2}H$(벽을 사용하지 않을 때)
$S \leq \frac{1}{3}H$(벽을 사용할 때)

[답] ③

73. 폭 10[m], 길이 20[m], 천장의 높이 4[m]의 식당에 1000[lm]의 백열전구를 설치하여 평균조도 100[lx]로 하려면 필요한 전구의 수는? (단, 조명률 0.5, 감광보상률은 1.5 이다.)

① 30개   ② 60개   ③ 40개   ④ 80개

해설 73

전구 수 $N = \dfrac{EAD}{FU} = \dfrac{100 \times 10 \times 20 \times 1.5}{1000 \times 0.5} = 60$개

[답] ②

74. 가로 20[m], 세로 30[m] 되는 실내 작업장에 광속이 2800[lm]인 형광등 20개를 점등하였을 때, 이 작업장의 평균 조도[lx]는 약 얼마인가?
(단, 조명률은 0.4이고 감광 보상률은 1.5이다.)

① 350   ② 156   ③ 65   ④ 25

해설 74

조도 $E = \dfrac{FUN}{AD} = \dfrac{2800 \times 0.4 \times 20}{20 \times 30 \times 1.5} = 25[\text{lx}]$

[답] ④

75. 그림과 같이 반경 3[m]의 작업면을 평균조도 80[lx]로 하기 위해 3[m] 위에 광원을 두었을 때 이 광원의 전광속은 얼마로 하면 되는가?
(단, 조명율은 40[%], 한 개의 광원으로 한다.)

① 약 7202[lm]
② 약 5652[lm]
③ 약 2800[lm]
④ 약 950[lm]

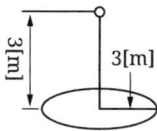

해설 75

광속 $F = \dfrac{EAD}{UN} = \dfrac{80 \times \pi \times 3^2 \times 1}{0.4 \times 1} = 5652[\text{lm}]$

여기서, 감광보상률이 없으면 1로 한다.

[답] ②

76. 다음 중 가장 높은 조도가 필요한 장소는?
① 곡선도로   ② 교차로   ③ 직선도로   ④ 경사도로

해설 76

교차로의 안전상 높은 조도가 필요하다.

[답] ②

77. 다음 ( )안에 들어갈 말이 순서대로 되어 있는 것은?
"곡선도로에서는 조명기구배치를 한쪽 열에만 배치할 경우 ( )쪽에만 배치하며, 곡선의 경우 곡률이 클수록 조명기구 배치간격을 ( )게 한다."
① 안, 짧   ② 바깥, 길   ③ 바깥, 짧   ④ 안, 길

해설 77

곡률이 크면 곡률반지름이 작으므로 안전상 조명간격을 짧게 한다.

[답] ③

78. 폭 16[m]의 도로 중앙에 8[m]의 높이에 간격 24[m]마다 200[W] 전구를 가설할 때 조명률 0.25, 감광 보상률 1.3이라 하면 도로면의 평균조도[lx]는? 여기서 200[W] 전구의 전광속은 3.450[lm]이라 한다.
   ① 17   ② 9   ③ 2   ④ 1.7

해설 78

조도 $E = \dfrac{FUN}{AD} = \dfrac{3450 \times 0.25 \times 1}{16 \times 24 \times 1.3} = 1.73[\text{lx}]$

여기서, A는 전구 1개의 조명 면적이므로 도로폭×등간격=16×24[m²]이다.

[답] ④

79. 폭 24[m]인 가로의 양쪽에 20[m] 간격으로 지그재그식으로 등주를 배치하여 가로상의 평균 조도를 5[lx]로 하려고 한다. 각 등주상에 몇 [lm]의 전구가 필요한가? (단, 가로면에서의 광속이용률은 25[%]이다.)

① 3600
② 4200
③ 4800
④ 5400

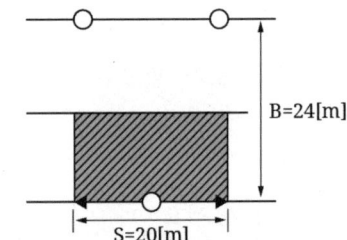

해설 79

광속 $F = \dfrac{EAD}{UN} = \dfrac{5 \times 20 \times 12 \times 1}{0.25 \times 1} = 4800[\text{lm}]$

[답] ③

Chapter 02

전열

01. 전열의 기초
02. 전열의 응용
● 적중실전문제

Chapter 02 전열

01 전열의 기초

1) 전기 가열의 특징

- 높은 온도를 얻을 수 있다.
- 온도조절 및 조작이 용이하다.
- 내부가열이 가능하다.
- 국부가열, 급속가열이 가능하다.
- 제품품질이 균일하다.
- 열효율이 높다.
- 환경오염이 없다.

예제 1.

전기 가열의 특징에 해당되지 않는 것은?
① 높은 온도를 얻을 수 있다.
② 내부 가열이 불가능하다.
③ 온도 제어 및 조작이 간단하다.
④ 열효율이 높다.

【해설】
- 높은 온도를 얻을 수 있다.
- 온도조절 및 조작이 용이하다.
- 내부가열이 가능하다.
- 국부가열, 급속가열이 가능하다.
- 제품품질이 균일하다.
- 열효율이 높다.
- 환경오염이 없다.

[답] ②

2) 전열의 열량 계산

(1) 열량

전기에너지는 열에너지로 등가 환산할 수 있다.
$4.186[Ws = J] = 1[cal]$이다. $1[J] ≒ 0.24[cal]$이다.

① 전력량과 열량의 환산식

- 전력 $P = IV = I^2R = \dfrac{V^2}{R}[W]$
- 전력량 $W = 전력 \times 시간 = Pt = VIt = I^2Rt = \dfrac{V^2}{R}t[Ws = J]$
- 열량 $H = 0.24I^2Rt[cal]$, 열량의 문자기호는 H이다.

② 전력량[kWh]을 열량[kcal]으로 환산한다.
$1[kWh] = 860[kcal]$

〈환산식〉
$1[kWh] = 1,000[W] \times 3,600[s]$
$= 3,600,000[J]$
$= 0.24 \times 3,600,000[cal]$
$≒ 860,000[cal]$
$= 860[kcal]$

$1[BTU] = 0.252[kcal] = 252[cal]$
$1[BTU]$은 물 1파운드[lb]를 $1[°F]$ 올리는 데 필요한 열량이다.

③ 온도변화 $\theta[℃]$: 온도차 $(\theta_2 - \theta_1)$
④ 비열 $C[kcal/kg℃]$: 물체 1[kg]의 온도를 $1[℃]$ 올리는 데 필요한 열량이다. 물의 비열은 1이다.
⑤ 열용량 $C[J/℃]$, $[kcal/℃]$: 물체의 온도를 $1[℃]$ 높이는 데 필요한 열량이다. 질량과 비열의 곱이다.
⑥ 융해 : 고체가 액체로 되는 것이다.
⑦ 잠열 : 온도의 변화 없이 상태의 변화에 필요한 열량을 말한다.
  얼음의 융해열 $80[kcal/kg]$: $0[℃]$얼음 → $0[℃]$물
  물의 기화열 $539[kcal/kg]$: $100[℃]$물 → $100[℃]$수증기

⑧ 소요열량 및 전열기용량 계산식

$$860Pt\eta = mc\theta [\text{kcal}]$$

$P[\text{kW}]$: 전열기용량, $t[\text{h}]$: 가열시간, η : 전열기효율
$m[\text{kg}]$: 질량, $c[\text{kcal/kg}℃]$: 비열, $\theta[℃]$: 온도변화량

(2) 열전달

- 전도 : 열에너지가 고체를 통하여 이동하는 것이다.
- 대류 : 열에너지가 액체나 기체를 통하여 이동하는 것이다.
- 복사 : 열에너지가 전자파 형태로 이동하는 것이다.
- 열전도율[W/m℃], [kcal/mh℃] : 단위 길이당 이동한 열에너지
- 열전달율[W/m²℃], [kcal/m²h℃] : 단위 면적당 이동한 열에너지

(3) 열회로 및 전기회로의 옴법칙

① 열류 $I = \dfrac{\theta}{R}[\text{W}]$, 전류 $I = \dfrac{V}{R}[\text{A}]$

② 열저항 $R = \dfrac{\theta}{I}[℃/\text{W}]$, 전기저항 $R = \dfrac{V}{I}[\Omega]$

(4) 열회로와 전기회로의 비교

열회로	전기회로
열류 I[W], [kcal/h]	전류 I[A]
열저항 R[℃/W], [℃h/kcal]	전기저항 R[Ω]
온도차 θ[℃]	전위차 V[V]
열전도율 λ[W/m℃]	도전율 σ[℧/m]
열저항율 ρ[m℃/W]	고유저항 ρ[Ωm]
열량 H[J], [kcal]	전기량 Q[C]
열용량 C[J/℃]	정전용량 C[F]

(5) 도체의 저항 R

$$R = \rho\frac{l}{A} = \rho\frac{l}{\pi r^2} = \rho\frac{l}{\pi\left(\frac{D}{2}\right)^2} = \rho\frac{l}{\frac{\pi D^2}{4}} = \rho\frac{4l}{\pi D^2}[\Omega]$$

여기서, ρ : 고유저항, l : 길이, A : 도체의 단면적, r : 반지름, D : 지름

(6) 도체의 표면전력밀도

$$W_d = \frac{P}{S} = \frac{I^2 R}{\pi D l} = \frac{I^2}{\pi D l} \times \rho\frac{4l}{\pi D^2} = \frac{4\rho I^2}{\pi^2 D^3}[\text{W/m}^2]$$

여기서, S 도체의 표면적 = 원의 둘레 × 길이 = $\pi D l\,[\text{m}^2]$이다.

예제 2

1[BTU]는 약 몇 [cal]인가?
① 860   ② 420   ③ 250   ④ 100

【해설】
1[BTU] = 0.252[kcal] = 252[cal]

[답] ③

예제 3

열전도율의 단위를 나타낸 것은?
① [kcal/h]   ② [m·h·℃/kcal]
③ [kcal/kg·℃]   ④ [kcal/m·h·℃]

【해설】
열전도율[W/m℃], [kcal/m·h·℃] : 단위길이당 이동한 열에너지이다.

[답] ④

02 전열의 응용

1) 전기 가열방식 및 전기로

(1) 저항가열 : 주울열(저항손) 이용
  ① 직접 저항가열(직접 저항로)
     피열물에 직접 전류를 흐르게 하여 가열하는 방식으로 주울열(저항손)을 이용한다.

> - 흑연화로 : 무정형탄소 → 흑연
> - 카바이드로(CaC_2제조로) : $CaO + 3C \rightarrow CaC_2 + CO$
>   석회(CaO)와 탄소(C)의 혼합물을 가열 → 카바이드(CaC_2)
> - 카보런덤로 : $SiO_2 + 3C \rightarrow SiC + 2CO \rightarrow$ 탄화규소(SiC)

  ② 간접 저항가열(간접 저항로)
     발열체에서 발생된 열을 피열물에 간접적으로 전달(전도, 대류, 복사)하여 가열한다.

> - **염욕로** : 염(소금)과 여러 혼합물 속에 전극을 설치하여 소재를 용해시킨 다음 그 속에 금속 재료를 담가서 가열하는 것이다. 용해열 속에서 가열되므로 산화가 없고 균일하게 빨리 가열된다.
>
> - **크리프톨로** : 로에 탄소와 점토의 혼합물인 크리프톨을 넣고 전극으로 가열하고 크리프톨내에 있는 도가니 내부에서 피열물을 가열한다.
>
>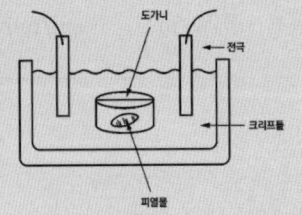
>
> - **발열체로** : 금속 또는 비금속발열체에 전류를 통하여 발생된 열을 피열물에 전달하여 가열한다.

(2) 아크가열(아크로) : 아크를 이용한 가열방식

발생된 열량은 $H = 0.24I^2Rt \times 10^{-3}[\text{kcal}]$

① 저압아크로

> • 직접식 : 에루식 전기제강로 → 3상 교류, 인조흑연 전극사용
> • 간접식 : 요동식 아크로 → 황동, 알루미늄 등의 용융에 사용

② 고압아크로 : 셀헨로, 포오링로, 바라게란드 아이데로 → 공중질소 고정으로 질산제조

③ 진공아크로 : 설비비가 고가

(3) 유도가열(유도로)
① 교번 자계내의 도전성물체에서 발생하는 와류손과 히스테리시스손에 의한 발열을 이용한다.
② 용도 : 금속(강재)의 표면처리(국부가열, 담금질), 반도체정련(단결정제조)
③ 주파수 : 저주파유도로 50~60[Hz], 고주파유도로 5~20[kHz]
④ 전원 : 고주파 전동발전기, 진공관 발진기, 불꽃 간극식 고주파 발생기

(4) 유전가열
① 교번 전계내의 유전체인 피열물에 생기는 유전체손실에 의한 가열
② 단위 체적당 유전체손 : $P = \dfrac{5}{9}f\varepsilon_s E^2 \tan\delta \cdot 10^{-10}[\text{W/m}^3]$
③ 용도 : 비닐막접착, 목재접착, 목재건조, 식품건조
④ 주파수 : 고주파 유전가열 1~200[MHz], 목재건조 2~5[MHz]
⑤ 특징 : 균일가열, 급속가열, 선택가열(온도제어)
⑥ 유도가열과 유전가열의 공통점 : 교류사용, 직류 사용불가

(5) 적외선가열
① 적외선전구를 이용하여 가열 및 건조한다.
② 적외선전구를 사용하며 2,500K 복사열을 이용한다.
③ 방직, 염색, 도장 등 표면건조에 사용한다.
④ 두꺼운 목재나 대량건조는 곤란하다.
⑤ 구조 및 조작이 간단하다.

(6) 기타 가열방식
　① 전자빔가열

> • 진공 중의 가열이 가능하다.
> • 에너지의 밀도나 분포를 자유로이 조절할 수 있다.
> • 고융점 재료 및 금속박 재료의 용접이 쉽다.
> • 가열 범위가 극히 국한된 부분에 집중시킬 수 있어 열에 의한 변질 부분을 적게 할 수 있다.

　② 플라즈마 제트

> • 에너지 밀도가 커서 안정도가 높고 보유열량이 크다.
> • 토치구조가 복잡하다.
> • 용접속도가 빠르고 균일한 용접이 가능하다.
> • 용접속도가 크기 때문에 가스의 보호가 불충분하다.
> • 비드(bead)의 폭이 좁고 용입이 깊다.

　③ 레이저가열 : 에너지변환 효율이 낮다.
　④ 마이크로파 유전가열

예제 4

전류에 의한 저항손을 이용하여 가열하는 것은?
① 복사 가열　　② 유전 가열　　③ 유도 가열　　④ 저항 가열
【해설】
직접저항가열(직접저항로)은 주울열(저항손)을 이용한다.

[답] ④

예제 5

형태가 복잡하게 생긴 금속 제품을 균일하게 가열하는 데 가장 적합한 가열 방식은?
① 적외선 가열　　　　② 염욕로
③ 직접 저항 가열　　　④ 유도 가열
【해설】
염욕로는 간접 저항가열로이며, 염(소금)과 여러 혼합물 속에 전극을 설치하여 소재를 용해시킨 다음 그 속에 금속 재료를 담가서 가열하는 설비이다. 용해열 속에서 가열되므로 산화가 없고 균일하게 빨리 가열된다.

[답] ②

2) 전열재료

(1) 발열체의 조건

- 내열성 및 내식성이 클 것
- 가공이 용이하고 압연성이 좋을 것
- 저항 온도계수가 작으며 (+)일 것
- 적당한 고유저항을 가질 것
- 선팽창 계수가 작을 것

(2) 발열체 종류
① 금속 발열체 최고 사용온도

- 니크롬 제1종 : 1,100[℃]
- 니크롬 제2종 : 900[℃]
- 철 크롬 제1종 : 1,200[℃]
- 철 크롬 제2종 : 1,100[℃]

② 비금속 발열체(탄화규소 발열체) : 1,400[℃]

(3) 전기로의 전극재료 조건

- 전기도전율이 커서 전류가 잘 통할 것
- 열전도율이 작을 것
- 고온에서 기계적강도가 크며 견딜 것
- 피열물과 화학작용을 일으키지 않을 것

(4) 전기로의 전극 고유저항 비교
무정형탄소전극 > 천연흑연전극 > 고급천연흑연전극 > 인조흑연전극

> **예제 6**
> 전기로 전극 재료의 구비조건으로 잘못된 것은?
> ① 전기의 도전율이 클 것
> ② 고온에 견디고 또한 고온에서 기계적 강도가 클 것
> ③ 열전도율이 크고 전기도전율이 작아서 전류밀도가 작을 것
> ④ 피열물에 의한 화학작용이 일어나지 않을 것
> 【해설】
> 전극재료의 구비조건
> ① 전기도전율이 커서 전류가 잘 통할 것
> ② 열전도율이 작을 것
> ③ 고온에서 기계적강도가 크며 견딜 것
> ④ 피열물과 화학작용을 일으키지 않을 것
>   [답] ③

3) 열전효과 및 물리적 현상

(1) 표피 효과
도체에 고주파전류가 흐르면 교번자속의 영향으로 전류가 도체표면에 집중하는 현상이다. 금속의 표면 열처리에 이용한다.

(2) 제벡 효과
2종 금속의 두 접합점에 온도차를 주면 열기전력이 발생하고, 열전류가 흐른다. 열전온도계와 열전대에 사용한다.

열전대 종류		
열전대	최고사용온도[℃]	특 징
구리-콘스탄탄	400(600)	가장 낮음
철-콘스탄탄	700(900)	
크로멜-알루멜	1,000(1,100)	
백금-백금로듐	1,400(1,600)	가장 높음

※ ( ) 안의 온도는 1회 최고 사용온도이다.

(3) 펠티에 효과

2종의 금속을 접속하고 전류를 흘리면 접속점에서 열의 발생 및 흡수가 나타나는 현상이다. 전자 냉동에 이용한다.

(4) 톰슨 효과

균질 금속의 두 점에 온도의 구배를 주고 전류를 흘리면 전류 방향에 따라 열을 발생 및 흡수가 나타나는 현상이다.

(5) 핀치 효과

도체에 큰 직류 전류가 흐르면 도체 중심축으로 전자력이 작용하는 현상이다.

(6) 홀 효과

반도체에 일정 전류가 흐를 경우 이와 직각방향으로 자계를 가하면 반도체에 분극이 나타나서 전위차가 나타나는 현상이다. 직류 측정에 이용한다.

예제 7

열전대를 사용하여 고온을 측정하는 경우 사용 온도가 가장 높은 것은?
① 구리 - 콘스탄탄
② 철 - 콘스탄탄
③ 크로멜 - 알루멜
④ 백금 - 백금로듐

【해설】
백금 - 백금로듐은 연속 사용온도는 1,400[℃], 1회 사용은 1,600[℃]로 가장 높다.

[답] ④

4) 온도 측정방법

(1) 저항 온도계
① 온도변화에 따른 저항변화가 비례하는 원리를 이용한다.
② 사용 금속선 : 백금, 니켈, 구리

(2) 열전 온도계
① 제벡효과를 이용한다.

(3) 방사 온도계
① 스테판-볼쯔만 법칙을 이용한다.
② 2,000[℃]까지 측정할 수 있다.
③ 멀리 떨어진 물체의 온도를 측정할 수 있다.

(4) 광 고온계
① 프랑크의 방사법칙을 이용한다.
② 온도 측정 대상의 크기가 지름 0.1[mm]의 작은 경우도 측정 가능하다.

예제 8

플랑크의 방사 법칙을 이용하여 온도를 측정하는 것은?
① 광 고온계
② 방사 온도계
③ 열전 온도계
④ 저항 온도계

【해설】
광 고온계는 프랑크 방사법칙을 이용하며 온도 측정 대상의 크기가 0.1[mm] 정도의 작은 경우도 측정 가능하다.

[답] ①

---

5) 전기용접

(1) 저항용접
용접하려는 두 금속 접촉부에 전류를 흐르게 하여 저항에서 발생하는 열을 이용하는 용접이다. 겹치기 용접과 맞대기 용접이 있다.

① 겹치기 용접

> • 점(spot)용접 : 백열전구의 필라멘트용접, 열전대의 용접
> • 돌기(projection)용접
> • 시임(seam)용접

② 맞대기 용접

> • 업셋용접
> • 플래시용접
> • 전기충격용접 : 접촉부분의 융점이 다를 경우

(2) 아크용접(방전용접)

① 불활성가스 아크용접

전극과 모재사이에서 아크를 일으키며 아크부위에 불활성가스인 아르곤(Ar), 헬륨(He), 수소(H) 등을 분사하여 용접부의 산화를 방지한다.
알루미늄, 마그네슘, 스테인레스강 등의 용접에 사용한다.

② 원자수소 아크용접

경금속, 구리, 스테인레스강 용접에 사용한다.

③ 탄소 아크용접

탄소전극을 사용하며 아크의 안정화를 위하여 직류를 사용하며, 철의 용접에 사용한다.

④ 아크용접기의 특징

용접용 전원의 최고전압은 직류 50~70[V] 교류 70~100[V]이며, 아크의 안정화를 위하여 수하특성이어야 한다.

예제 9

다음 중 전기저항 용접이 아닌 것은?
① 점용접　　　② 플래시용접　　　③ 시임용접　　　④ 원자수소용접
【해설】
원자수소용접은 아크(방전) 용접이다.

[답] ④

Chapter 02. 전열
적중실전문제

1. 전기 가열의 특징에 해당되지 않는 것은?
① 매우 높은 온도를 얻을 수 있다.
② 내부 가열이 불가능하다.
③ 온도 제어 및 조작이 간단하다.
④ 열효율이 매우 좋다.

해설 1
전기 가열의 특징
- 높은 온도를 얻을 수 있다.
- 열효율이 높다.
- 내부가열이 가능하다.
- 온도조절 및 조작이 용이하다.
- 환경오염이 없다.
- 제품품질이 균일하다.
- 국부가열, 급속가열이 가능하다.

[답] ②

2. 1[kWh]는 몇 [kcal]인가?
① 4.186   ② 41.86   ③ 75   ④ 860

해설 2
1[kWh] = 860[kcal]

[답] ④

3. 1[BTU]는 약 몇 [cal]인가?
① 860   ② 420   ③ 250   ④ 100

해설 3
1[BTU] = 0.252[kcal] = 252[cal]

[답] ③

★★★★

4. 열전도율을 표시하는 단위로 알맞은 것은?

① [J/kg·℃]   ② [W/m²·℃]
③ [W/m·℃]   ④ [J/m³·℃]

> **해설 4**
> 열전도율[W/m℃], [kcal/m·h·℃]은 단위 길이당 이동한 열에너지이다.
> 열전달율[W/m²℃], [kcal/m²·h·℃]은 단위 면적당 이동한 열에너지이다.
>
> [답] ③

★★★★

5. 열용량의 단위로 맞는 것은?

① [J/℃·Cm]   ② [J/℃]
③ [J/cm²·℃]   ④ [J/cm³·℃]

> **해설 5**
> 열용량C[J/℃], [kcal/℃]은 질량과 비열의 곱으로 나타내는 값으로 어떤 물체의 온도 1[℃]가 갖는 열량이다
>
> [답] ②

★★★★

6. 열회로의 온도차는 전기 회로의 무엇에 상당하는가?

① 정전 용량   ② 저항   ③ 전류   ④ 전위차

> **해설 6**
> 온도차θ[℃] = 전위차V[V], 전위차는 전압이다.
>
> [답] ④

7. 용량 750[W]의 전열기에서 전열선의 길이를 5[%] 적게 하면 소비전력[W]은?

① 580 ② 790 ③ 830 ④ 750

> **해설 7**
>
> 도체의 저항 $R = \rho \dfrac{4l}{\pi D^2} \propto l = 0.95$ ∴ 저항은 5[%] 감소한다.
>
> 전열기의 전압은 일정하므로 $P = \dfrac{V^2}{R} t \propto \dfrac{1}{R} = \dfrac{1}{0.95} = 1.052$
>
> ∴ 소비전력은 5.2[%] 증가한다. ∴ $P' = 752 \times 1.052 = 789[\text{W}]$
>
> [답] ②

8. 열이 이동하는 방식에는 전도, 대류, 복사의 세 가지 방식이 있다. 다음 중 복사에 해당하는 것은?

① 고체를 통하여 이동한다.
② 기체를 통하여 이동한다.
③ 액체를 통하여 이동한다.
④ 전자파로 이동한다.

> **해설 8**
>
> 에너지의 전달 이론은 다음과 같다.
> - 전도 : 고체에 의한 에너지 전달
> - 대류 : 유체에 의한 에너지 전달
> - 복사(방사) : 전자파에 의한 에너지가 공간을 전파되는 현상
>
> [답] ④

9. 저항 발열체의 구비 조건이 아닌 것은?

① 선팽창 계수가 클 것
② 적당한 저항값을 가질 것
③ 내식성이 클 것
④ 내열성이 클 것

해설 9

발열체의 구비조건은 다음과 같다.
① 내열성이 클 것
② 내식성이 클 것
③ 압연성이 풍부하고 가공이 용이할 것
④ 적당한 고유저항을 가질 것
⑤ 전기저항 온도계수가 (+)이며, 작을 것
⑥ 선팽창 계수는 작을 것

[답] ①

★★★★

10. 발열체로서의 구비 조건과 관계가 없는 것은?
① 내열성이 커야 한다.
② 내식성이 커야 한다.
③ 가공하기 쉽고 기계적 강도를 가져야 한다.
④ 저항이 비교적 작고 온도 계수가 크고 (-)이어야 한다.

해설 10

발열체는 고유저항이 크고 온도계수가 (+)이며 작아야 한다.

[답] ④

★★★

11. 저항 발열체 중 사용온도가 최고인 것은?
① 니크롬 제1종
② 니크롬 제2종
③ 철-크롬 제1종
④ SiC 발열체

해설 11

비금속 발열체(SiC 발열체)는 연속 사용온도 1,400[℃]로 발열체 중 가장 높다.

[답] ④

12. 철 - 크롬 제2종의 최고 사용온도[℃]는?

① 500 ② 900 ③ 1,000 ④ 1,100

해설 12
철-크롬1종 : 1,200[℃], 철-크롬2종 : 1,100[℃]

[답] ④

13. 피열물에 직접 통전하여 열을 발생시키는 방식은 어떤 로인가?

① 직접식 저항로 ② 간접식 저항로
③ 아크로 ④ 유도로

해설 13
직접식 저항로는 피열물에 직접 전류를 흘려서 열을 발생한다.

[답] ①

14. 저항 가열은 어떠한 원리를 이용한 것인가?

① 아크열 ② 유전체손
③ 주울열 ④ 히스테리시스손

해설 14
직접저항가열(직접저항로)은 주울열(저항손)을 이용한다.

[답] ③

15. 제품 제조 과정에서의 화학 반응식이 다음과 같은 전기로는 다음 중 어떤 가열 방식인가?

① 유전 가열
② 유도 가열
③ 간접 저항 가열
④ 직접 저항 가열

$$CaO + 3C = CaC_2 + CO$$

해설 15
직접식 저항로
㉠ 흑연화로 : 열효율이 가장 좋다.
㉡ 카바이드로(CaC_2제조로) : $CaO + 3C = CaC_2 + CO$
㉢ 카보런덤로 : SiC(탄화규소)를 제조하는 로이다.

[답] ④

16. 형태가 복잡하게 생긴 금속 제품을 균일하게 가열하는 데 가장 적합한 가열 방식은?
① 적외선 가열
② 염욕로
③ 직접 저항 가열
④ 유도 가열

해설 16
염욕로는 간접 저항가열로이며, 염(소금)과 여러 혼합물 속에 전극을 설치하여 소재를 용해시킨 다음 그 속에 금속 재료를 담가서 가열하는 설비이다. 용해열 속에서 가열되므로 산화가 없고 균일하게 빨리 가열된다.

[답] ②

17. 전극 재료의 구비조건으로 잘못된 것은?
① 전기의 전도율이 클 것
② 고온에 견디고, 또한 고온에서도 기계적 강도가 클 것
③ 열전도율이 많고 도전율이 작아서 전류밀도가 작을 것
④ 피열물에 의한 화학작용이 일어나지 않고 침식되지 않을 것

해설 17
전극재료의 구비조건
① 전기전도율이 클 것
② 열전도율이 작을 것
③ 고온에 견디고 기계적강도가 클 것
④ 피열물과 화학작용을 일으키지 않을 것

[답] ③

18. 유도 가열은 다음 중 어떤 원리를 이용한 것인가?
 ① 줄열 ② 히스테리시스손
 ③ 유전체손 ④ 아크손

해설 18
유도가열은 교번 자계내의 유도성 물체에서 발생하는 와류손과 히스테리시스손에 의한 발열을 이용한다.

[답] ②

19. 강철의 표면 열처리에 가장 적합한 가열 방법은?
 ① 간접 저항 가열 ② 직접 아크 가열
 ③ 고주파 유도 가열 ④ 유전 가열

해설 19
유도가열(유도로)은 금속의 표면처리(국부가열, 담금질), 반도체정련에 사용한다.

[답] ③

20. 유도가열은 어느 용도에 가장 적합한가?
 ① 목재의 접착 ② 금속의 용접
 ③ 금속의 열처리 ④ 비닐의 접착

해설 20
유도가열은 금속(강재)의 표면처리(국부가열, 담금질), 반도체정련에 사용한다.

[답] ③

21. 유전 가열의 특징을 나타낸 것 중 옳지 않은 것은?
   ① 온도 상승 속도가 빠르고 제어가 용이하다.
   ② 반도체의 정련, 단결정의 제조 등 특수 열처리가 가능하다.
   ③ 표면의 소손, 균열이 없다.
   ④ 효율이 좋지 못하여 50~60 [%] 정도이다.

해설 21

유전가열
① 원리는 교번 전계내의 피열물에 생기는 유전체손실에 의한 가열이다.
② 단위체적당 유전체손 $P_0 = \dfrac{5}{9}f\varepsilon_s E^2 \tan\delta \cdot 10^{-10} [\text{W/m}^3]$
③ 비닐막접착, 목재접착, 목재건조, 식품건조 등에 이용한다.
④ 사용 주파수는 고주파유전가열 1~200[MHz], 목재건조 2~5[MHz]이다.
⑤ 특징 : 균일가열, 급속가열, 선택가열(온도제어)
⑥ 유도가열과 유전가열의 공통점은 직류 사용이 불가능하다.

[답] ②

22. 유전 가열에서 피열물 내의 소비 전력은 어느 것에 비례하는가?
   ① $\varepsilon \cdot \tan\delta \cdot E^2$
   ② $\varepsilon \cdot \tan\delta \cdot E$
   ③ $\dfrac{\tan\delta}{\varepsilon}E^2$
   ④ $\dfrac{\tan\delta}{\varepsilon}E$

해설 22

유전가열은 교번 전계내의 피열물에 생기는 유전체손에 의한 가열이다.
단위체적당 유전체손은 $P = \dfrac{5}{9}f\varepsilon_s E^2 \tan\delta \cdot 10^{-10} [\text{W/m}^3]$이다.

[답] ①

23. 목재 건조에 적합한 가열 방식은?

① 저항 가열   ② 적외선 가열
③ 유전 가열   ④ 유도 가열

해설 23
유전가열 용도는 비닐막접착, 목재접착, 목재건조, 식품 건조 등이다.

[답] ③

24. 유전가열과 유도가열의 공통점은?

① 교류만 사용한다.
② 선택 가열이 가능하다.
③ 피열물 자체를 직접 가열한다.
④ 전기적 절연물을 직접 가열한다.

해설 24
유도가열과 유전가열의 공통점은 교류만 사용하고 직류는 사용 불가능하다.

[답] ①

25. 내부 가열에 적당한 전기 건조 방식은 무엇인가?

① 전열 건조
② 고주파 건조
③ 적외선 건조
④ 자외선 건조

해설 25
고온에 의한 표면손상을 입히지 않고 고주파(유도가열, 유전가열)를 이용하여 내부가열을 한다.

[답] ②

26. 유도 가열과 유전 가열의 성질이 같은 것은?

① 도체만을 가열한다.   ② 선택 가열이 가능하다.
③ 직류를 사용할 수 없다.   ④ 절연체만을 가열한다.

> **해설 26**
> 유도가열과 유전가열의 공통점은 교류만 사용하고 직류는 사용할 수 없다는 점이다.
>
> [답] ③

27. 적외선 건조의 용도가 아닌 것은?

① 도장건조   ② 비닐막의 접착
③ 섬유 공업에서 응용   ④ 인쇄 잉크의 건조

> **해설 27**
> 비닐막의 접착은 유전가열이다.
> 〈적외선가열〉
> ① 적외선 전구의 복사열을 재료에 가한다.
> ② 발열체로는 적외선전구를 사용한다.
> ③ 방직, 염색, 도장 등 표면건조에 사용한다.
> ④ 구조 및 조작이 간단하고, 온도조절이 용이하다.
>
> [답] ②

28. 적외선 건조에 대한 설명으로 틀린 것은?

① 표면건조 시 효율이 좋다.
② 대류열을 이용한다.
③ 건조재료의 감시가 용이하고 청결·안전하다.
④ 유지비가 적고 많은 장소가 필요하지 않다.

> **해설 28**
> 적외선 전구에 의한 복사열을 이용한다.
>
> [답] ②

29. 2종의 금속을 접속하고 전류를 흘릴 때 접속점에서 발열과 흡열이 발생한다. 이 현상을 이용한 전자냉동이 실용화되고 있다. 다음에서 어떤 현상을 이용한 것인가?
   ① 제벡 효과
   ② 펠티에 효과
   ③ 톰슨 효과
   ④ 핀치 효과

   해설 29
   1) 표피 효과는 도체에 고주파를 통하면 전류가 표면에 집중하는 현상이다. 금속의 표면 열처리에 이용한다.
   2) 제벡 효과는 2종 금속의 두 접점에 온도차를 주면 열기전력이 생겨 전류가 흐르는 현상이다. 열전온도계와 열전대에 사용한다.
   3) 펠티에 효과는 2종의 금속을 접속하고 전류를 흘릴 때 접속점에서 발열과 흡열이 발생한다. 전자 냉동에 이용한다.
   4) 톰슨 효과는 균질 금속의 두 점간에 온도 구배를 주고 전류를 흘리면 발열 및 흡열이 발생하는 현상이다.

   [답] ②

30. 서로 다른 두 종의 금속을 접속하여 전류를 흘리면 접합점에서 열이 발생하거나 흡수되는 현상은?
   ① 제벡 효과
   ② 펠티에 효과
   ③ 톰슨 효과
   ④ 핀치 효과

   해설 30
   펠티에 효과는 2종의 금속을 접속하고 전류를 흘릴 때 접속점에서 발열과 흡열이 발생한다. 전자 냉동에 이용한다.

   [답] ②

31. 고주파 전류가 도체에 흐를 때 전류가 표면에 집중하는 현상이고, 금속의 표면열처리에 이용하는 효과는?

① 표피 효과 ② 톰슨 효과 ③ 핀치 효과 ④ 제벡 효과

해설 31
표피 효과를 이용하여 고주파 교류로 표면열처리를 한다.

[답] ①

32. 열전대의 종류에서 최고 사용온도가 가장 낮은 열전대는?

① 철-콘스탄탄 ② 구리-콘스탄탄
③ 크로멜-알루멜 ④ 백금-백금로듐

해설 32
구리-콘스탄탄 : 600[℃]
철-콘스탄탄 : 900[℃]
크로멜-알루멜 : 1,100[℃]
백금-백금로듐 : 1,600[℃]

[답] ②

33. 플랑크의 방사 법칙을 이용하여 온도를 측정하는 것은?

① 광고온계 ② 방사 온도계
③ 열전 온도계 ④ 저항 온도계

해설 33
광고온계는 플랑크의 방사법칙을 이용한다. 온도 측정 대상물의 크기가 0.1[mm] 정도의 작은 경우도 측정이 가능하다.

[답] ①

34. 저항 용접에 속하지 않는 것은?
① 맞대기 저항용접　　② 아크용접
③ 불꽃용접　　　　　④ 점용접

> **해설 34**
> (1) 겹치기 용접
> ① 점용접(spot) : 백열전구의 필라멘트용접, 열전대의 용접
> ② 돌기용접(projection-프로젝션용접)
> ③ 시임용접(seam)
>
> (2) 맞대기 용접
> ① 업셋용접
> ② 불꽃(플래시)용접
> ③ 전기충격용접
>
> [답] ②

35. 알루미늄, 마그네슘의 용접에 가장 적당한 용접 방법은?
① 저항 용접　　　　　② 유니온 멜트 용접
③ 원자 수소 용접　　　④ 불활성 가스 용접

> **해설 35**
> 불활성 가스 아크 용접이다.
>
> [답] ④

36. 불활성 가스 아크 용접에 사용되지 않는 가스는?
① 산소　　② 헬륨　　③ 아르곤　　④ 수소

> **해설 36**
> 불활성 가스 아크용접에 아르곤(Ar), 헬륨(He), 수소(H) 등을 사용한다.
>
> [답] ①

★★★★★

37. 아크용접은 어떤 원리를 이용한 것인가?
　　① 주울열　　　　　　② 수하특성
　　③ 유전체손　　　　　④ 히스테리시스손

> **해설 37**
> 아크용접은 부하전류와 전압이 반비례하는 수하특성이어야 한다.

[답] ②

★★

38. 용접부의 비파괴 검사에 해당 사항이 아닌 것은?
　　① 고주파 검사　　　② X선 검사
　　③ 자기 검사　　　　④ 초음파 검사

> **해설 38**
> 비파괴 검사의 종류는 X선 검사, 자기 검사, 초음파 검사, 육안 검사이다.

[답] ①

★★★

39. 열에 의한 물질의 상태변화에 대한 설명 중 틀린 것은?
　　① 고체를 가열하면 용융되어 액체로 된다. 이것을 융해라 한다.
　　② 액체를 냉각시키면 고체로 된다. 이것을 응고라 한다.
　　③ 액체에 열을 가하면 기체로 된다. 이것을 기화라 한다.
　　④ 기체를 냉각시키면 액체로 된다. 이것을 승화라 한다.

> **해설 39**
> 기체를 냉각시키면 액체로 된다. 이 현상을 액화라 한다.

[답] ④

40. 5 [kg]의 강재를 20 [℃]에서 85 [℃]까지 35초 사이에 가열하면 몇 [kW]의 전력이 필요한가? (단, 강재의 평균 비열은 0.15 [kcal/kg·℃]이고 강재에서 온도의 방사는 생각하지 않는다.)

① 5.8　　② 7.0　　③ 3.5　　④ 4

해설 40

$$\therefore P = \frac{mc\theta}{860t\eta} = \frac{5 \times 0.15 \times (85-20)}{860 \times \frac{35}{3,600} \times 1} = 5.83 [kW]$$

[답] ①

41. 100[ℓ], 15[℃]의 물을 2시간에 45[℃]의 온도로 올리는 데 필요한 전열기의 용량은 약 몇 [kW]인가? (단, 열효율은 90[%]라 한다.)

① 2.0　　② 2.5　　③ 3.0　　④ 3.5

해설 41

$$\therefore P = \frac{mc\theta}{860t\eta} = \frac{100 \times 1 \times (45-15)}{860 \times 2 \times 0.9} = 1.94 [kW]$$

[답] ①

42. 효율 80 [%]의 전열기로 1 [kWh]의 전력을 소비하였을 때 10[ℓ]의 물의 온도를 약 몇 [℃] 상승시킬 수 있는가?

① 30 [℃]　　② 50 [℃]　　③ 70 [℃]　　④ 90 [℃]

해설 42

$$\theta = \frac{860pt\eta}{mc} = \frac{860 \times 1 \times 0.8}{10 \times 1} = 68.8 [℃]$$

[답] ③

43. 열효율 75[%], 1[kW]의 온수기로 20[℃]의 물 1[kg]을 5분간 가열할 때 물의 최종 온도는 약 몇 [℃]인가?

① 30 ② 45 ③ 63 ④ 74

해설 43

$860Pt\eta = mc\theta$ 에서

$\therefore \theta = \dfrac{860Pt\eta}{mc} = \dfrac{860 \times 1 \times \dfrac{5}{60} \times 0.75}{1 \times 1} = 53.75[℃]$

∴ 최종온도는 $20 + 53.75 = 73.75[℃]$

[답] ④

44. 어떤 트랜지스터의 접합(junction) 온도 T_j의 최대 정격값을 75[℃], 주위 온도 $T_a = 25[℃]$일 때의 컬렉터 손실 P_c의 최대 정격값을 10[W]라고 할 때의 열저항[℃/W]은?

① 5 ② 50 ③ 7.5 ④ 0.2

해설 44

$R = \dfrac{T_j - T_a}{P_c} = \dfrac{75 - 25}{10} = 5[℃/W]$

[답] ①

MEMO

Chapter 03

전동기

01. 운동 에너지 이론

02. 속도-토크특성

03. 전동기의 운전

04. 전동기 용량 계산

05. 전동기의 보호

- 적중실전문제

Chapter 03 전동기

01 운동 에너지 이론

1) 속도식

   (1) 선속도 $v = \dfrac{s}{t}[\text{m/s}]$, $s[\text{m}]$은 거리이고 $t[\text{s}]$은 시간이다.

   (2) 각속도 $\omega = \dfrac{\theta}{t} = 2\pi n[\text{rad/s}]$, $\theta[\text{rad}]$은 각도이고 $t[\text{s}]$은 시간이다.

   (3) 회전자 주변속도 $v = 2\pi rn = r\omega = 2\pi \dfrac{D}{2} n = \pi D n = \pi D \dfrac{N}{60}[\text{m/s}]$

   r : 회전자 반지름, D : 회전자 지름, n : 초당 회전수, N : 분당 회전수

2) 관성모멘트

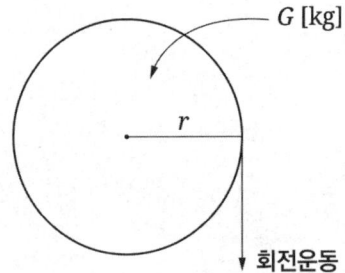

질량 G 또는 $m[\text{kg}]$, 반지름 $r[\text{m}]$인 물체가 회전 운동한다.

   (1) 관성모멘트 $J = mr^2 = Gr^2 = G\left(\dfrac{D}{2}\right)^2 = \dfrac{1}{4} GD^2 [\text{kg} \cdot \text{m}^2]$

   (2) $GD^2[\text{kg} \cdot \text{m}^2]$을 플라이휠 효과(축세륜 효과)라 한다.

3) 운동에너지 $W = \dfrac{1}{2} mv^2 = \dfrac{1}{2} mr^2 \omega^2$

$\qquad\qquad\qquad = \dfrac{1}{2} \times \dfrac{1}{4} GD^2 \times \omega^2$

$\qquad\qquad\qquad = \dfrac{1}{8} GD^2 \times \omega^2$

$\qquad\qquad\qquad = \dfrac{1}{2} J\omega^2 = \dfrac{1}{2} J \left(\pi D \dfrac{N}{60}\right)^2$

$\qquad\qquad\qquad = \dfrac{1}{730} GD^2 N^2 [\text{J}]$

4) 토크 $T = 0.975 \dfrac{P}{N} [\text{kg} \cdot \text{m}] = 0.975 \dfrac{P}{N} \times 9.8 [\text{N} \cdot \text{m}]$

   $1[\text{kg} \cdot \text{m}]$은 $9.8[\text{N} \cdot \text{m}]$이다.

예제 1

전동기의 토크(회전력) 단위는?
① [kg]   ② [kg•m^2]   ③ [kg•m]   ④ [kg•m/s]

【해설】

토크 $T = 0.975 \dfrac{P}{N} [\text{kg} \cdot \text{m}] = 0.975 \dfrac{P}{N} \times 9.8 [\text{N} \cdot \text{m}]$

[답] ③

예제 2

다음 중 회전운동에서 관성모멘트의 단위는?
① [rad/s^2]   ② [J]   ③ [kg•m^2]   ④ [N•m]

【해설】

관성모멘트는 $J = \dfrac{1}{4} GD^2 [\text{kg} \cdot \text{m}^2]$이고 플라이휠 효과는 $GD^2 [\text{kg} \cdot \text{m}^2]$이다.

[답] ③

---

02 속도-토크특성

1) 속도 특성에 의한 전동기 분류

(1) 정속도 전동기 : 부하의 변동에 관계없이 일정 속도를 유지하는 전동기
   ① 동기전동기, 유도전동기, 직류분권전동기, 교류분권정류자 전동기이다.
   ② 정속도를 요구하는 부하는 송풍기, 펌프, 팬, 공작기계 등이다.
   ③ 다단속도 전동기는 부하의 변동에 관계없이 회전수가 일정하며, 몇 단계로 회전수를 바꾸는 전동기이다.

(2) 변속도 전동기 : 부하가 증가하면 속도가 감소하는 반비례 특성을 갖는 전동기
   ① 직류직권전동기, 교류직권정류자 전동기이다.
   ② 큰 기동 토크를 요구하는 부하인 전기철도, 크레인에 적당한 특성이다.

> **예제 3**
> 부하에 관계없이 회전수가 일정하며, 몇 단계로 회전수를 바꾸는 전동기로서 직류분권 및 타여자 전동기, 농형 유도전동기는 어떤 속도 전동기에 속하는가?
> ① 정속도 전동기
> ② 변속도 전동기
> ③ 다단속도 전동기
> ④ 가감속도 전동기
> 【해설】
> 직류분권 및 타여자 전동기, 3상 농형 유도전동기는 다단속도 전동기이다.
> [답] ③

2) 토크 특성에 의한 부하 분류

(1) 정토크 부하 : 속도 변화에 관계없이 일정한 토크를 유지하는 부하
　① 인쇄기, 권상기, 크레인, 압연기 등이다.

(2) 제곱토크 부하 : 속도의 제곱에 비례하여 토크가 변화하는 부하
　① 펌프, 송풍기 등이다.
　② 속도-토크곡선

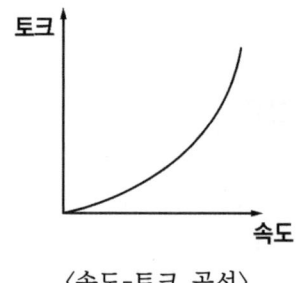

〈속도-토크 곡선〉

(3) 정출력 부하 : 큰 토크가 필요할 때는 회전속도가 감소하고 반대로 빠른 속도가 필요할 때는 토크가 감소하는 특성을 가진 부하

3) 안정운전 조건

   (1) 안정운전

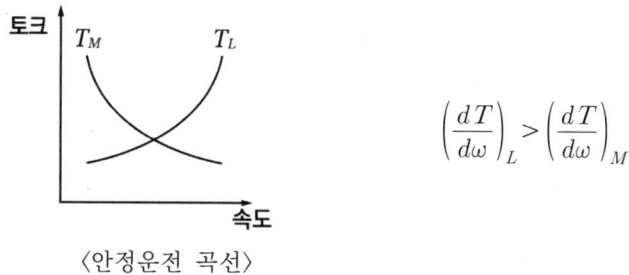
〈안정운전 곡선〉

$$\left(\frac{dT}{d\omega}\right)_L > \left(\frac{dT}{d\omega}\right)_M$$

① 속도가 증가하면 부하토크(T_L)가 전동기토크(T_M)보다 커져서 속도가 감소한다.
② 속도가 감소하면 전동기토크(T_M)가 부하토크(T_L)보다 커져서 속도가 증가한다.

   (2) 불안정운전

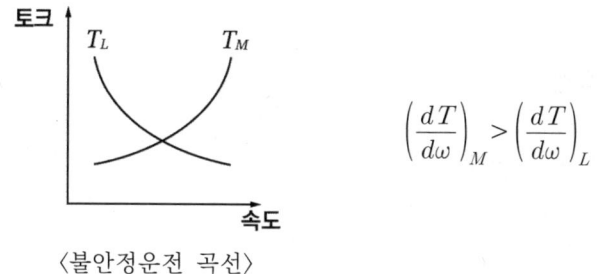
〈불안정운전 곡선〉

$$\left(\frac{dT}{d\omega}\right)_M > \left(\frac{dT}{d\omega}\right)_L$$

① 속도가 증가하면 전동기토크(T_M)가 부하토크(T_L)보다 커져 계속 속도가 상승한다.
② 속도가 감소하면 부하토크(T_L)가 전동기토크(T_M)보다 커져 계속 속도가 감소한다.

예제 4

부하토크(L)와 전동기토크(M)의 관계에서 안정하게 운전이 되는 것은?

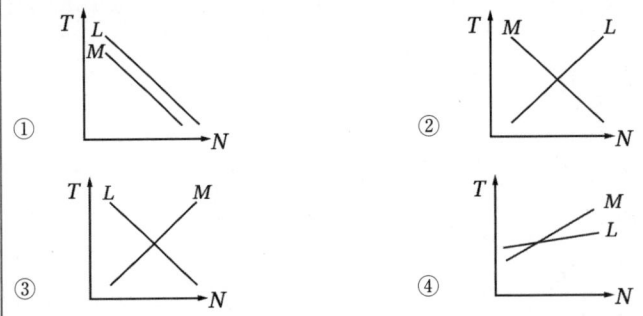

【해설】
· 속도가 증가하면 부하토크(T_L)가 전동기토크(T_M)보다 커져 속도가 감소한다.
· 속도가 감소하면 전동기토크(T_M)가 부하토크(T_L)보다 커져 속도가 상승한다.

[답] ②

03 전동기의 운전

1) 전동기의 기동법

(1) 직류전동기의 기동법
  ① 전전압 기동법 : 소형
  ② 저항기동법 : 1[kW] 이상의 용량

(2) 농형 유도전동기의 기동법
  ① **전전압 기동(직입 기동)**
    3.7[kW] 이하의 소용량 전동기는 기동장치 없이 직접 전전압을 공급하여 기동시킨다. 기동전류는 전부하 전류의 5~7배이다.
  ② Y-△ 기동
    전동기 용량이 5~15[kW] 정도는 기동 시에 고정자 3상 권선의 접속을 Y결선으로 하면 각 상전압은 선간전압의 $\frac{1}{\sqrt{3}}$배가 되어 △결선으로 기동했을 때보다 기동전류는 $\frac{1}{3}$배로 감소한다.

③ 기동 보상기에 의한 기동
15[kW] 이상의 농형 유도전동기는 단권 변압기를 사용하여 공급 전압을 낮춰 기동전류를 정격 전류의 100~150[%] 정도로 감소한다.
④ 리액터 기동
전동기 1차 선로에 직렬 리액터를 삽입해서 전동기 단자에 가해지는 전압을 낮춰 기동한다.
⑤ 콘도르퍼 기동법은 기동보상기법과 리액터 기동법을 순차적으로 적용하는 방식이다.

(3) 권선형 유도전동기의 기동법
2차 저항 기동법 : 유도전동기 2차 권선에 기동저항을 외부로부터 삽입하여 비례추이 원리를 이용하는 기동법이다. 기동전류는 감소하고, 큰 기동토크를 얻는다.

(4) 단상 유도전동기의 기동법
① 반발 기동형 : 기동토크가 가장 크다.
② 반발 유도형
③ 콘덴서 기동형 : 많이 사용하는 방식이다.
④ 분상 기동형
⑤ 세이딩 코일형 : 기동토크가 제일 적다.

(5) 동기전동기의 기동법
① 자기 기동법 : 기동 권선 또는 제동권선을 이용하는 기동방법이다.
② 기동 전동기법 : 타여자 직류전동기 또는 3상 유도전동기를 이용하는 기동방법이다. 유도전동기를 이용하는 경우는 동기전동기의 극수보다 2극 적은 것을 사용한다.
③ 저주파 기동법 : 주파수변환기를 이용하여 기동하는 방법이다.

2) 전동기의 속도제어법

(1) 직류전동기 속도제어 → 속도식 $N = k \dfrac{V - I_a R_a}{\phi}$ [rpm]

① 전압제어

> • 제어 범위가 원활하며 광범위하다. 운전효율도 좋다.
> • 정토크 제어 방식이다.
> • 워드레오너드 방식은 엘리베이터, 기중기, 인쇄기 등에 사용한다.
> • 일그너 방식은 부하변동이 심할 때 축에 플라이휠을 설치한 것이다. 제철용 압연기, 가변속도 대용량 제관기 등에 사용한다.

② 계자제어는 정출력 제어방식이다.
③ 저항제어는 계자자속을 일정하게 하고, 전기자회로와 직렬로 가변저항을 접속하여 전기자에 걸리는 전압을 변화시켜 속도제어를 제어하는 방식이다. 저항 손실 때문에 효율이 가장 낮다.

(2) 유도전동기 속도제어
① 주파수제어

> 인견공업용 포트 모터
> • 섬유공장에서 실을 감는데 사용
> • 고속운전 : 6,000~10,000[rpm]

② 극수제어
③ 전압제어
④ 2차 저항제어 : 권선형

> • 권선형 유도전동기의 비례추이 원리를 이용하는 방식
> • 가감변속도 특성

⑤ 2차 여자방식 : 권선형

> • 크레머방식 : 2차 전력의 일부를 기계적 동력으로 바꾸는 방식
> • 셀비어스방식 : 2차 전력의 일부를 전원에 반환하는 방식

예제 5
직류전동기의 기동방식에 적합한 것은?
① 기동 보상기법   ② 전전압 기동법   ③ 저항 기동법   ④ Y-△ 기동법
【해설】
소형의 경우 전전압으로 기동할 수 있으나 일반적으로 저항기동법을 사용한다.
[답] ③

3) 전동기의 제동법

① **역상제동(플러깅)** : 3상 유도전동기를 운전 중 2선의 접속을 바꾸면 상회전이 바뀌어져 역 토크를 발생하여 급정지하는 제동법이다.
② **발전제동** : 전동기를 전원에서 개방하고 회전자의 운동에너지로 발전한 전력을 외부 저항에서 열로 소비하는 제동법이다.
③ **회생제동** : 전동기를 전원에 접속한 상태에서 역기전력을 전원 전압보다 높게 하여 발생된 전력을 전원 측에 반환하는 제동법이다.

예제 6
3상 유도전동기의 플러깅(역상제동)을 설명한 것이다. 알맞은 것은?
① 플러그를 사용하여 전원에 연결하는 방법
② 운전 중 2선의 접속을 바꾸어 회전자계의 방향을 반대로 하는 방법
③ 단상 상태로 기동할 때 일어나는 현상
④ 고정자와 회전자의 상수가 일치하지 않을 때 일어나는 현상
【해설】
플러깅은 운전 중 2선의 접속을 바꾸어 회전자계의 방향을 반대로 한 급정지 방법이다.
[답] ②

04 전동기 용량 계산

1) 양수 펌프용 전동기 용량

$$P = \frac{9.8QH}{\eta}k[\text{kW}]$$

여기서, Q : 양수량$[\text{m}^3/\text{sec}]$, H : 전양정$[\text{m}]$, η : 전동기 효율, k : 여유계수

$$P = \frac{QH}{6.12\eta}k[\text{kW}] \ : \ 양수량 \ Q[\text{m}^3/\text{min}]$$

2) 기중기, 권상기, 엘리베이터용 전동기용량

(1) 기중기, 권상기용 전동기

$$P = \frac{9.8WV}{\eta}k[\text{kW}], \quad W: 중량[\text{ton}], \ V: 속도[\text{m/s}], \ \eta: 전동기 효율$$

$$P = \frac{WV}{6.12\eta}k[\text{kW}], \quad V: 속도[\text{m/min}], \ k: 여유계수(손실계수)$$

(2) 엘리베이터용 전동기

$$P = \frac{WVK}{6.12\eta}[\text{kW}], \quad K: 평형추의 평형률 \ 0.4{\sim}0.6$$

① 3상 유도전동기이다. 기동토크는 크고 관성모멘트는 작을 것
② 가속도의 변화 비율이 일정할 것
③ 소음이 작을 것

3) 송풍기용 전동기용량

$$P = \frac{QH}{6120\eta}k[\text{kW}]$$

Q : 풍량$[\text{m}^3/\text{min}]$, H : 풍압$[\text{mmAq}]$, η : 전동기 효율, k : 여유계수

예제 7

엘리베이터용 전동기로서 필요한 특성은?
① 기동 전류가 적을 것　　② 가속도의 변화비율이 클 것
③ 기동 토크가 작을 것　　④ 관성 모멘트가 작을 것

【해설】
• 3상 유도전동기　　　　　　　　• 관성모멘트는 작고 기동토크는 클 것
• 가속도의 변화비율이 일정할 것　• 소음이 작을 것

[답] ④

05 전동기의 보호

1) 계전기
   (1) 과전류 계전기 : 과부하 및 단락사고 시 동작하는 계전기
   (2) 지락 계전기 : 지락사고 시 동작하는 계전기
   (3) 온도 계전기 : 기기의 이상온도 시 동작하는 계전기

2) 절연물 허용온도

절연의 종류	Y	A	E	B	F	H	C
허용 최고온도 [℃]	90	105	120	130	155	180	180초과

3) 보호형식
   (1) 방식형 : 산, 알칼리 또는 유해 가스가 존재하는 장소에 사용하는 전동기
   (2) 내산형 : 염분이 많은 해안 지역에서 사용하는 전동기
   (3) 방적형 : 이물질 및 떨어지는 물방울이 침입할 수 없는 구조의 전동기
   (4) 방폭형 : 폭발성 가스가 있는 장소에서 사용할 수 있는 전동기
   (5) 방수형 : 1~3분간 물을 뿌려도 사용할 수 있는 전동기
   (6) 수중형 : 규정의 수압 및 시간동안 수중에서 사용할 수 있는 전동기

예제 8

산, 알칼리 또는 유해 가스가 있는 장소에서 사용할 수 있는 전동기는?
① 방적형 전동기   ② 내산형 전동기
③ 방식형 전동기   ④ 방폭형 전동기
【해설】
방식형(방부형)은 산, 알칼리 또는 유해 가스가 있는 장소에 사용하는 전동기이다.
[답] ③

Chapter 03. 전동기
적중실전문제

★★★★★

1. 전동기의 토크 단위는?

   ① [kg]　　② [kg·m²]　　③ [kg·m]　　④ [kg·m/s]

   > **해설 1**
   > 토크 $T = 0.975\dfrac{P}{N}[\text{kg·m}] = 0.975\dfrac{P}{N} \times 9.8[\text{N·m}]$
   >
   > [답] ③

★★★★

2. 다음 중 회전운동에서 관성 모멘트의 단위는?

   ① [rad/s²]　　② [J]　　③ [kg·m²]　　④ [N·m]

   > **해설 2**
   > 관성모멘트 $J = \dfrac{1}{4}GD^2[\text{kg·m}^2]$
   >
   > [답] ③

★★★★★

3. 전동기의 출력이 8200[W], 900[rpm]으로 회전하고 있는 전동기의 토크[kg·m]는? (단, 효율은 90[%]로 한다.)

   ① 6.2　　② 7.1　　③ 9.5　　④ 8.9

   > **해설 3**
   > $T = 0.975\dfrac{P}{N} = 0.975 \times \dfrac{8200}{900} = 8.9[\text{kg·m}]$
   > 토크는 출력값으로 계산하므로 효율은 계산하지 않는다.
   >
   > [답] ④

4. 극수 P의 3상 유도전동기가 주파수 f[Hz], 슬립 s, 토크 T[N·m]로 회전하고 있을 때의 기계적 출력[W]은?

① $T\dfrac{2\pi f}{P}(1-s)$ ② $T\dfrac{4\pi f}{P}s$

③ $T\dfrac{4\pi f}{P}(1-s)$ ④ $T\dfrac{\pi f}{2P}(1-s)$

해설 4

각속도 $\omega = 2\pi n = 2\pi n_s(1-s) = 2\pi\dfrac{2f}{P}(1-s) = \dfrac{4\pi f}{P}(1-s)$

∴ 출력 $P = T\omega = T\dfrac{4\pi f}{P}(1-s)$ (여기서, n : 회전자속도[rps], n_s : 동기속도[rps])

[답] ③

5. 관성 모멘트가 75[kg·m²]인 회전체의 GD^2은 몇 [kg·m²]인가?

① 75 ② 150 ③ 200 ④ 300

해설 5

$J = \dfrac{1}{4}GD^2$

∴ $GD^2 = 4 \times J = 4 \times 75 = 300[\text{kg}\cdot\text{m}^2]$

[답] ④

6. 회전체의 축세 효과가 GD^2일 때의 이 회전체에서 갖는 에너지는 다음과 같은 식으로 주어진다. (단, ω는 회전 각속도이다.)

① $\dfrac{1}{2}GD^2\omega^2$ ② $\dfrac{1}{4}GD^2\omega^2$ ③ $\dfrac{1}{8}GD^2\omega^2$ ④ $\dfrac{1}{12}GD^2\omega^2$

해설 6

회전체의 에너지 $W = \dfrac{1}{2}J\omega^2 = \dfrac{1}{2} \times \dfrac{1}{4}GD^2 \times \omega^2 = \dfrac{1}{8}GD^2\omega^2$

[답] ③

★★★

7. 플라이 휠 효과가 $GD^2[\text{kg}\cdot\text{m}]$인 전동기의 회전자가 $n_2[\text{rpm}]$에서 $n_1[\text{rpm}]$으로 감속할 때 방출한 에너지는?

① $\dfrac{GD^2(n_2-n_1)^2}{730}$ ② $\dfrac{GD^2(n_2^2-n_1^2)}{730}$

③ $\dfrac{GD^2(n_2-n_1)^2}{373}$ ④ $\dfrac{GD^2(n_2^2-n_1^2)}{373}$

> **해설 7**
> 속도가 $n_2[\text{rpm}]$에서 $n_1[\text{rpm}]$으로 감소할 때
> 방출된 에너지는 $\dfrac{GD^2(n_2^2-n_1^2)}{730}$ 이다.

[답] ②

★★★★★

8. 부하 토크(L)와 전동기 토크(M)의 관계에서 안정하게 운전이 되는 것은?

① 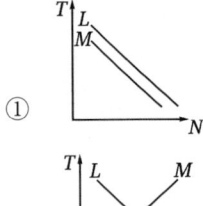   ②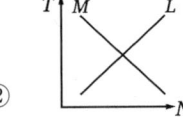

③ 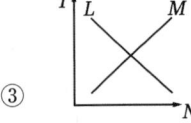   ④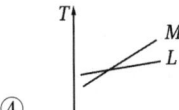

> **해설 8**
> 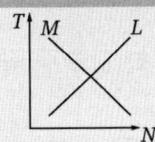 즉, $\left(\dfrac{dT}{d\omega}\right)_L > \left(\dfrac{dT}{d\omega}\right)_M$

[답] ②

★★

9. 전동기 축으로 환산한 합성모멘트 J, 각속도 ω, 전동기의 발생 토크 T, 부하 토크 T_L, 마찰 및 기타 토크를 T_B라고 할 때 전동기의 가속상태를 나타내는 식은?

① $J\dfrac{d\omega}{dt} < T - (T_L + T_B)$ ② $J\dfrac{d\omega}{dt} = T - (T_L + T_B)$

③ $J\dfrac{d\omega}{dt} > T - (T_L + T_B)$ ④ $J\dfrac{d\omega}{dt} = \alpha T - (T_L + T_B)$

해설 9

전동기 발생토크에서 모든 손실분을 뺀 값이 0보다 클 때이다.
즉, $T - (T_L + T_B) - J\dfrac{d\omega}{dt} > 0$ 일 때는 가속상태이다.

[답] ①

★★★★★

10. 양수량 30[m³/min]이고 총양정이 15[m]인 양수 펌프용 전동기의 용량은 약 몇 [kW]인가? (단, 펌프효율은 85[%], 설계 여유계수는 1.2로 계산한다.)

① 103.8   ② 124.4   ③ 382.5   ④ 459.1

해설 10

양수량 30[m³/min]는 $Q = \dfrac{30}{60}$ [m³/sec]로 환산한다.

$P = \dfrac{9.8QH}{\eta} \times k = \dfrac{9.8 \times \dfrac{30}{60} \times 15}{0.85} \times 1.2 = 103.8 \text{[kW]}$,

양수량 30[m³/min] 그대로 계산한다.

$P = \dfrac{QH}{6.12\eta} k = \dfrac{30 \times 15 \times 1.2}{6.12 \times 0.85} = 103.8 \text{[kW]}$

[답] ①

11. 5층 빌딩에 설치된 적재 중량 1000[kg]의 엘리베이터를 승강 속도 50 [m/min]으로 운전하기 위한 전동기의 출력[kW]은? (단, 평형률은 0.5이다.)
   ① 4   ② 6   ③ 8   ④ 10

   해설 11
   $P = \dfrac{WV}{6.12\eta} \times C = \dfrac{1 \times 50}{6.12} \times 0.5 = 4[\text{kW}]$

   [답] ①

12. 5[ton]의 하중을 매분 30[m]의 속도로 권상할 때 권상전동기의 용량 [kW]를 구하면? (단, 장치의 효율을 70[%], 전동기 출력의 여유를 20[%]로 계산한다.)
   ① 30   ② 42   ③ 50   ④ 60

   해설 12
   $P = \dfrac{WV}{6.12\eta} \times K = \dfrac{5 \times 30}{6.12 \times 0.7} \times 1.2 = 42[\text{kW}]$

   [답] ②

13. 직류전동기의 기동방식에 적합한 것은?
   ① 기동 보상기법   ② 전전압 기동법
   ③ 저항 기동법   ④ Y-△ 기동법

   해설 13
   소형의 경우 전전압으로 할 수 있으나 일반적으로 저항기동법을 사용한다.

   [답] ③

14. 직류 전동기의 저항 기동을 하는 이유는?

① 속도를 제어하기 위하여
② 전압을 작게하기 위하여
③ 전류를 제한하기 위하여
④ 편리하고 간단하기 때문에

해설 14

직류전동기의 기동전류 $I_s = \dfrac{V}{R_a + R_s}$ (R_a : 전기자저항, R_s : 기동저항)이다.

[답] ③

15. 전동기의 정격 회전수에서 기동 토크가 가장 큰 것은?

① 직류 분권 전동기
② 직류 복권 전동기
③ 직류 직권 전동기
④ 교류 동기 전동기

해설 15

직권전동기는 $T \propto I^2$ 이므로 기동 시 가장 큰 토크를 낼 수 있다.

[답] ③

16. 기중기에 쓰이는 직류직권 전동기의 특징은?

① 부하 전류로서 여자되며 일정 단자 전압에서 부하전류에 따라 토크가 급증한다.
② 중부하에서 자속이 격감하여 회전속도가 높다.
③ 부하전류와 토크는 반비례한다.
④ 중부하에서는 자속이 격감하여 회전속도가 낮다.

해설 16

직권전동기는 토크가 전류의 제곱에 비례한다.

[답] ①

17. 농형 유도전동기의 기동법이 아닌 것은?
① 전전압 기동
② Y-△ 기동
③ 기동 보상기에 의한 기동
④ 2차 임피던스 기동

> **해설 17**
> 농형 유도전동기의 기동법
> • 전전압 기동 : 5[kW] 이하의 소용량
> • Y-△ 기동 : 전동기 용량이 5~15[kW]
> • 기동 보상기에 의한 기동 : 15[kW] 이상의 농형 유도전동기
> • 리액터에 의한 기동 : 대용량
> • 콘도르퍼 기동법 : 기동보상기법과 리액터기동법이 순차적으로 적용된다.
> [답] ④

18. 15[kW] 이상의 중형 및 대형기의 기동에 사용되는 농형 유도전동기의 기동법은?
① 기동보상기법
② 전전압기동법
③ Y-△ 기동
④ 2차 저항기동법

> **해설 18**
> 기동 보상기에 의한 기동은 15[kW] 이상의 농형 유도전동기에 사용한다.
> [답] ①

19. 농형 유도 전동기의 기동법인 것은?
① Y-△ 기동법, 기동 보상기법, 리액터 기동법
② 직입 기동법, Y-△ 기동법, 극수 변환법
③ 직입 기동법, Y-△ 기동법, 2차 여자제어법
④ 직입 기동법, Y-△, 2차 저항 제어법

> **해설 19**
> 2차 여자제어 및 2차 저항제어는 권선형 유도전동기의 속도제어법이다.
> [답] ①

★★★★★
20. 권선형 유도전동기의 기동법에서 비례추이 특성을 이용하여 기동하는 방법은?
① 1차 저항 기동법 ② 2차 저항 기동법
③ 기동 보상기법 ④ 분상 기동법

해설 20
2차 저항에 비례하여 슬립이 변하고 토크는 일정한 특성을 비례추이라 한다.

[답] ②

★★★★★
21. 다음 단상 유도 전동기에서 기동 토크가 가장 큰 것은?
① 분상 기동 전동기 ② 콘덴서 기동 전동기
③ 콘덴서 전동기 ④ 반발 기동 전동기

해설 21
단상 유도 전동기의 기동방식의 기동토크가 큰 순서이다.
반발기동형>반발유도형>콘덴서기동형>분상기동형>세이딩코일형

[답] ④

★★★★★
22. 다음 중 토크가 가장 적은 전동기는?
① 반발기동형 ② 콘덴서기동형
③ 분상기동형 ④ 반발유도형

해설 22
단상 유도 전동기의 기동방식의 기동토크가 큰 순서이다.
반발기동형>반발유도형>콘덴서기동형>분상기동형>세이딩코일형

[답] ③

★★★
23. 동기전동기가 시멘트 공장의 원료 및 클링커의 분쇄용 전동기로 사용되는 가장 큰 이유는?
   ① 효율 및 역률이 좋다.   ② 속도 조절이 잘 된다.
   ③ 가격이 싸다.   ④ 회전속도가 일정하다.

해설 23
동기전동기는 역률 100[%]로 운전할 수 있어서 전부하 효율이 좋다.

[답] ①

★★★
24. 플라이 휠의 사용 목적에 관계가 없는 것은?
   ① 첨두부하값이 감소된다.   ② 최대토크가 작아진다.
   ③ 효율이 좋아진다.   ④ 전류의 동요가 감소된다.

해설 24
플라이휠 설치 시 효율은 관계가 없다.

[답] ③

★★★★★
25. 직류 전동기의 속도 제어법에서 정출력 제어에 속하는 것은?
   ① 전압 제어법   ② 계자 제어법
   ③ 워드레오나드 제어법   ④ 전기자 저항 제어법

해설 25
(1) 전압제어 ① 속도제어 범위가 광범위하고 운전효율이 좋다.
           ② 정토크 제어이다.
           ③ 워드레오너드 방식 : 엘리베이터, 기중기, 인쇄기
             일그너방식 : 부하변동이 심한 경우 플라이휠 설치한 것
                       제철용 압연기, 가변속도 대용량 제관기
(2) 계자제어 : 정출력제어
(3) 저항제어 : 효율이 가장 낮다.

[답] ②

26. 계자자속을 일정히 하고 전기자 회로에 직렬로 가변저항을 접속하여 전기자에 걸리는 전압을 변화시켜 속도를 제어하는 방법으로 속도를 정격속도보다 낮은 범위에서 제어하는 데에 사용하는 제어법은?

① 저항 제어법 ② 계자 제어법
③ 전압 제어법 ④ 기동 제어법

해설 26
저항 제어법은 가변 저항을 이용하여 속도를 제어한다. 효율이 가장 낮다.

[답] ①

27. 플라이휠을 이용하여 변동이 심한 부하에 사용되고 가역 운전에 알맞은 속도 제어 방식은?

① 워드 레오나드 방식 ② 전원 주파수를 바꾸는 방식
③ 일그너 방식 ④ 극수를 바꾸는 방식

해설 27
일그너 방식은 부하변동이 심할 때 플라이휠을 설치한 전압제어 방식이다.

[답] ③

28. 워드 레오나드 방식(Ward-Leonard system)은 다음의 어느 것에 쓰이는가?

① 동기 전동기의 속도 제어 ② 유도 전동기의 속도 제어
③ 직류 전동기의 속도 제어 ④ 교류 정류자 전동기의 속도 제어

해설 28
직류 전동기의 전압 제어법은 워드 레오나드 방식, 일그너 방식이 있다.

[답] ③

29. 섬유공장에서 실을 감는데 사용하는 포트 모터는?
 ① 동기 전동기 ② 농형 유도 전동기
 ③ 정류자 전동기 ④ 권선형 유도 전동기

해설 29
인견공업용 포트 모터는 실을 감는 모터이다.

[답] ②

30. 선박의 전기추진에 많이 사용되는 속도제어 방식은?
 ① 극수 변환 제어방식 ② 전원주파수 제어방식
 ③ 2차 저항 제어방식 ④ 크레머 제어방식

해설 30
전원 주파수를 변환하여 속도를 제어한다.

[답] ②

31. 다음 곡선은 전동기의 부하로서의 기계적 특성을 표시한 것이다. 이 중 송풍기, 펌프의 속도-토크 곡선은?

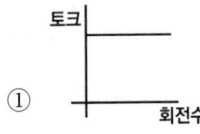 ①  ②

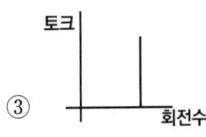 ③  ④

해설 31
송풍기, 펌프는 제곱토크 부하이다.

[답] ②

32. 다음 중 정속도 특성을 갖고 있는 전동기는?

① 직류 분권전동기　② 가동 복권전동기
③ 직류 직권전동기　④ 차동 복권전동기

해설 32

정속도 특성은 토크가 변하여도 속도변화가 거의 없는 전동기로서 직류 차동 복권전동기, 직류 분권전동기, 동기전동기, 교류분권 정류자전동기 등이 있다.

[답] ④

33. 부하 전류가 증가하면 가장 급격히 속도가 감소하는 전동기는?

① 직류 분권 전동기　② 직류 복권 전동기
③ 3상 유도 전동기　④ 직류 직권 전동기

해설 33

직권전동기는 부하 증가시 회전수가 급감하는 변속도 전동기이다.

[답] ④

34. 다음 전동기 중에서 속도 변동률이 가장 큰 것은?

① 3상 농형 유도 전동기　② 3상 권선형 유도 전동기
③ 3상 동기 전동기　④ 단상교류 유도 전동기

해설 34

단상이 3상에 비하여 속도 변동률이 크다.

[답] ④

35. 다음 중 정토크 부하에 해당되는 것은?

① 인쇄기　　② 펌프　　③ 기중기　　④ 송풍기

> **해설 35**
> 기중기는 정출력 부하이며, 펌프와 송풍기는 제곱토크 부하이다.
>
> [답] ①

36. 3상 유도 전동기의 회전방향을 반대로 하기 위한 방법으로 옳은 것은?

① A, B, C상의 기동권선의 접속을 바꾸어 준다.
② A, B, C상 중에서 어느 두 상의 접속을 바꾸어 준다.
③ 기동 권선은 그대로 둔다.
④ 내부 결선을 다시 해야 한다.

> **해설 36**
> 2상의 접속을 바꾸어 상회전을 바꾸면 역토크가 발생한다.
>
> [답] ②

37. 3상 유도전동기의 플러깅(역상제동)이란?

① 플러그를 사용하여 전원에 연결하는 방법
② 운전 중 2선의 접속을 바꾸어 역토크로 급제동하는 방법
③ 단상 상태로 기동할 때 일어나는 현상
④ 고정자와 회전자의 상수가 일치하지 않을 때 일어나는 현상

> **해설 37**
> 역토크를 이용하여 급정지할 때 효과적인 방법이다.
>
> [답] ②

⭐⭐⭐⭐⭐

38. 전동기의 전기자를 전원에서 끊고 전동기를 발전기로 동작시켜 회전 운동 에너지로 발생하는 전력을 그 단자에 접속한 저항에서 열로 소비시키는 제동방법은?

① 역전 제동 ② 회생 제동
③ 발전 제동 ④ 와전류 제동

해설 38
저항에서 열로 소비하는 제동은 발전 제동이다.

[답] ③

⭐⭐⭐⭐⭐

39. 전동기를 발전기로 운전시키고 유도 전압을 전원 전압보다 높게 하여 발생 전력을 전원에 반환하는 방식의 제동은?

① 발전 제동 ② 와전류 제동
③ 역상 제동 ④ 회생 제동

해설 39
전원으로 반환하는 제동은 회생 제동이다.

[답] ④

⭐⭐⭐

40. 전동기의 진동이 생기는 원인에 해당되지 않는 것은?

① 회전자의 정적 및 동적 불평형
② 베어링의 불평등
③ 회전자 철심의 자기적 성질의 불균형
④ 고조파 자계에 의한 동력의 평형

해설 40
고조파 자계에 의한 자기력의 불평형인 경우 진동이 발생한다.

[답] ④

Chapter 03. 전동기

41. 조풍에 견디는 전동기의 형식은?
① 내수형　　② 내산형　　③ 방수형　　④ 내습형

해설 41
내산형은 해풍(조풍)에 견딜 수 있는 구조의 전동기이다.

[답] ②

42. 산·알칼리 또는 유해 가스가 존재하는 장소에 사용하는 전동기는?
① 방적형 전동기　　② 방수형 전동기
③ 방부형 전동기　　④ 방폭형 전동기

해설 42
방부형(방식형) 전동기는 산, 알칼리 또는 유해 가스가 있는 장소에 사용한다.

[답] ③

43. 전동기를 보호하기 위하여 사용하는 것으로서 시동전류에 의하여 녹아 끊어지지 않게 한 퓨즈는?
① 플러그 퓨즈　　② 미니 퓨즈
③ 시간지연 퓨즈　　④ 온도 퓨즈

해설 43
시동전류가 흐르는 시간동안은 견디어 끊어지지 않도록 하는 퓨즈이다.

[답] ③

44. 전동기의 절연 종별에서 일반적으로 저압 전동기는 E종, 고압전동기는 B종을 채택하는데 B종 절연의 허용최고 온도[℃]는?

① 90[℃]   ② 130[℃]   ③ 120[℃]   ④ 155[℃]

해설 44

절연의 종류	Y	A	E	B	F	H	C
허용 최고온도 [℃]	90	105	120	130	155	180	180초과

[답] ②

45. 직류기의 손실 중 기계손으로만 구성된 것은?

① 베어링 마찰손, 풍손
③ 브러시 전기손, 계자권선동손
② 브러시 마찰손, 와전류손
④ 표류부하손, 히스테리시스손

해설 45

와전류손과 히스테리시스손은 철손이다.

[답] ①

MEMO

Chapter 04

자동제어

01. 자동제어계의 종류

02. 전력용 반도체소자

03. 정류 회로

- 적중실전문제

Chapter 04 자동제어

01 자동제어계의 종류

1) 자동제어계의 종류

제어계는 크게 개회로 제어계와 폐회로 제어계가 있다. 이들의 차이점은 입력과 출력이 서로 독립적인가 연관이 있는가이다. 개회로 제어에는 입력과 출력을 비교하는 장치가 없고, 폐회로 제어에는 입력과 출력을 비교하는 장치가 있다.

(1) 개회로 제어계(Open Loop Control System)

입력과 출력이 서로 독립적인 제어계이다. 따라서 오차가 생겨도 수정할 수 없어 부정확하고 신뢰성이 떨어지나 설치비가 저렴하다. 미리 정해진 순서에 따라 순차적으로 제어하는 **시퀀스 제어**라고도 한다.

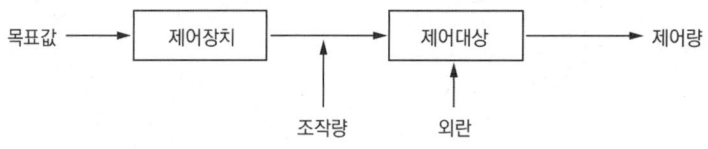

〈개회로 제어계 구성도〉

(2) 폐회로 제어계

① 출력신호가 피드백요소를 통하여 입력 측으로 되돌아와 이 피드백신호와 입력신호와의 오차를 검출하여 출력을 제어한다. 피드백 제어계라고도 한다.

② 피드백 제어(Feedback Control)의 특징

- 입력과 출력을 비교하는 장치가 필수적으로 요구된다.
- 정확도가 높다.
- 감대(대역)폭이 증가한다.
- 계(System)의 특성변화에 대한 입력 대 출력비 감도가 감소한다.
- 생산속도, 생산량이 증대된다.
- 설비 자동화로 원가가 절감된다.
- 양질의 제품, 균일한 제품을 생산할 수 있다.
- 계의 구조가 복잡하고 설치비가 많이 든다.

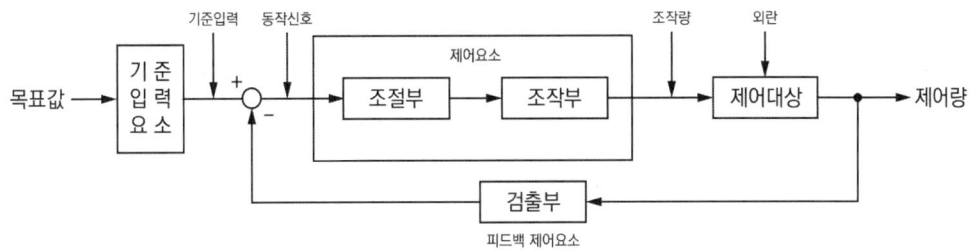

〈폐회로 제어계 구성도〉

> **예제 1**
>
> 출력이 입력에 전혀 영향을 주지 못하는 제어는?
> ① 프로그램 제어 ② 피드백 제어 ③ 개회로 제어 ④ 폐회로 제어
>
> 【해설】
> 개회로 제어계(Open Loop Control System)
> 신호의 흐름이 열려있는 경우로 출력이 입력에 영향을 주지 못하므로 오차가 생겨도 수정할 수 없어 신뢰성이 낮으나 설치비가 저렴하다. 미리 정해진 순서에 따라 순차적으로 제어하므로 시퀀스 제어라고도 한다.
>
> [답] ③

2) 제어계의 용어

(1) 목표값
  입력값을 말하며, 제어량이 그 값을 갖도록 외부에서 목표로서 주어지는 값이다.

(2) 기준입력신호
  제어대상이 동작을 하도록 직접폐회로에 주어지는 입력이다. 목표값에 비례한다.

(3) 기준입력요소
  목표값을 기준입력신호로 변화하는 부분으로 설정부라고도 한다.

(4) 동작신호
  기준입력과 주 피드백 신호와의 차이며, 제어동작을 일으키는 신호 편차라고도 한다.

(5) 제어요소
  조절부와 조작부로 구성된다. 동작신호를 조작량으로 변환하는 요소이다.

(6) 조절부
기준입력과 피드백 출력을 합하여 제어 시스템에 필요한 신호로 만들어 조작부로 보내는 부분이다.

(7) 조작부
조절부의 신호를 조작량으로 변환하여 제어 대상에 보내는 부분이다.

(8) 조작량
제어요소가 제어대상에 인가하는 양이다.

(9) 피드백요소(검출부)
제어대상으로부터 제어량을 검출하고 기준입력 신호와 비교시킨다.

(10) 제어량
제어대상의 제어를 받은 출력량이다.

(11) 주 피드백(궤환)신호
제어량을 기준입력과 비교하기 위해서 피드백 되는 신호이다.

예제 2

제어계에서 동작 신호를 만드는 부분을 무엇이라고 하는가?
① 조작부　　　　② 검출부　　　　③ 조절부　　　　④ 제어부

【해설】
조절부 : 기준입력신호와 검출부 출력신호를 비교하여 필요한 신호를 만들어 조작부로 보낸다.

[답] ③

---

3) 자동제어의 분류
  (1) 목표값의 시간에 의한 분류
    ① 정치제어
      목표값이 시간적으로 변하지 않고 일정한 값을 유지하는 제어로서 프로세스제어, 자동조정으로 구분한다.
    ② 추치제어
      목표값에 정확하게 추종하도록 설계한 제어로서 프로그램제어, 추종제어, 비율제어로 구분한다.

(2) 제어목적에 의한 분류
　① **정치제어**
　　제어량을 어떤 일정한 목표값으로 유지시키는 것을 목적으로 한다.
　　(연속식 압연기, 항온조의 온도제어)
　② **프로그램제어**
　　미리 정해진 프로그램에 따라 제어량을 변화시키는 것을 목적으로 한다.
　　(무인 엘리베이터, 산업용 로봇)
　③ **추종제어**
　　임의의 시간적 변화를 하는 목표값에 제어량을 추종시키는 것을 목적으로 한다.
　　(대공포의 포신제어, 자동 아날로그선반)
　④ **비율제어**
　　목표값이 다른 것과 일정 비율로 변화하는 경우의 추종제어
　　(보일러의 자동연소)

(3) 제어량의 종류에 의한 분류
　① **서보제어**
　　제어량이 물체의 위치, 방위, 자세, 각도 등의 기계적 변위일 때

> ※**서보모터(Servo Motor)의 특성**
> - 서보기구의 조작부로서 제어신호에 의해 부하를 구동하는 장치로 직류 및 교류에 모두 사용한다.
> - 급가속, 급감속이 용이하며, 큰 돌입전류에 견딜 수 있다.
> - 저속이며, 거침없는 운전이 가능하다.
> - 정역전이 가능하다.
> - 교류 서보 전동기에 비하여 직류 서보 전동기의 시동 토크가 훨씬 크다.

　② **자동조정제어**
　　제어량이 전기와 동력에 관계되는 전압, 전류, 속도, 주파수, 장력 등일 때
　③ **프로세스제어**
　　제어량이 공업프로세스의 온도, 입력, 유량, 액위, 농도, 빌노 등일 때

(4) 조절부의 제어동작에 따른 분류
  ① 연속제어
     제어동작이 연속적으로 이루어지며 다음과 같이 분류된다.

> - 비례동작(P동작) : 잔류편차 발생
> - 적분동작(I동작) : 잔류편차 제거
> - 미분동작(D동작) : rate동작이라고도 하며 제어오차가 검출될 때 오차가 변화하는 속도에 비례하여 조작량을 가감하도록 하는 동작으로서 오차가 커지는 것을 미연에 방지한다.
> - 비례적분동작(PI동작) : 잔류편차 제거
> - 비례미분동작(PD동작) : 응답의 속응성을 개선한다.
> - 비례적분미분동작(PID동작) : 잔류편차 제거와 응답의 속응성을 개선한다.

  ② 불연속제어
     조작량이 불연속적으로 나타나는 제어

예제 3

목표값이 일정하고 제어량을 그것과 같게 유지하기 위한 제어는?
① 정치 제어   ② 추종 제어   ③ 프로그래밍 제어   ④ 비율 제어
【해설】
정치제어 : 목표값이 시간적으로 변하지 않고 일정한 값을 유지하는 제어로서 프로세스 제어, 자동조정으로 구분한다.

[답] ①

예제 4

제어 오차가 검출될 때 오차가 변화하는 속도에 비례하여 조작량을 가감하는 동작으로서 오차가 커지는 것을 미연에 방지하는 동작은?
① PD 동작   ② PID 동작   ③ D 동작   ④ P 동작
【해설】
미분동작(D동작) : rate동작이라고도 하며 제어오차가 검출될 때 오차가 변화하는 속도에 비례하여 조작량을 가감하도록 하는 동작으로서 오차가 커지는 것을 미연에 방지한다.

[답] ③

02 전력용 반도체소자

1) 다이오드
   (1) P형 반도체와 N형 반도체를 결합시켜 애노드(+)에서 캐소드(-) 한쪽 방향으로만 전류가 흐를 수 있도록 만들어진 정류작용을 하는 소자이며, 실리콘 반도체를 이용한 것을 실리콘정류기라 한다.

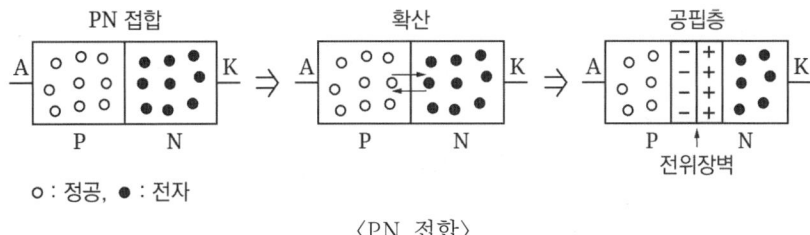

〈PN 접합〉

   (2) cut-in voltage (다이오드의 도통, 통전, 턴-온)
   P와 N의 접합부에서 정공(+)과 전자(-)가 결합하여 공핍층이라 하는 전위장벽이 만들어진다. 여기에 순방향(애노드에 +, 캐소드에 -)전압을 걸어주면 P에 있던 정공은 반발력에 의해 전위 장벽을 넘어가 전류가 현저히 증가하게 된다.

   (3) 항복전압
   역방향(애노드에 -, 캐소드에 +)전압을 걸면 인력이 작용하며 공핍층이 더 넓어져 전계가 강해지며, 전류가 흐르지 않게 된다. 항복전압이란 **역방향 전압을 걸었을 때의 한계전압으로서 항복전압이상이 걸리게 되면 전위장벽이 깨지며, 순간적으로 많은 역전류가 흘러 다이오드가 손상된다.**

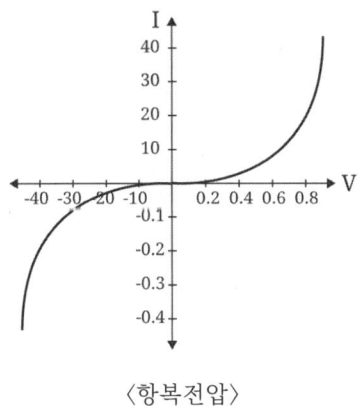

〈항복전압〉

(4) 다이오드의 종류
① 제너다이오드
역방향 바이어스 시 항복전압에 도달하기 전에 전압이 일정해지는 제너효과를 이용하며, **정전압다이오드**라고 한다.
② 터널다이오드
불순물의 함량을 증가시켜 전위장벽을 얇게 만들어 터널효과에 의해 전류가 흐른다. (발진작용, 스위치작용, 증폭작용)
③ 버렉터다이오드
공핍층의 두께를 조절하는 가변용량다이오드
④ 포토다이오드
빛에너지를 전기에너지로 변환시키며 빛을 감지하는 광센서용 다이오드

예제 5

PN 접합다이오드에서 cut-in Voltage란?
① 순방향에서 전류가 현저히 증가하기 시작하는 전압이다.
② 순방향에서 전류가 현저히 감소하기 시작하는 전압이다.
③ 역방향에서 전류가 현저히 감소하기 시작하는 전압이다.
④ 역방향에서 전류가 현저히 증가하기 시작하는 전압이다.

【해설】
cut-in voltage (다이오드의 도통, 통전, 턴-온)
P와 N의 접합부에서 정공(+)과 전자(-)가 결합하여 공핍층이라 하는 전위장벽이 만들어 진다. 여기에 순방향(애노드에 +, 캐소드에 -)전압을 걸어주면 P에 있던 정공은 척력에 의해 전위 장벽을 넘어가 전류가 현저히 증가하게 된다.

[답] ①

---

2) 사이리스터(thyristor)

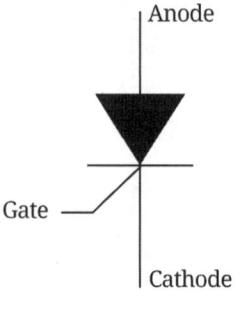

〈사이리스터의 심벌〉

(1) 실리콘 제어정류소자(silicon controlled rectifier: SCR)
  ① PNPN 4층 구조를 가지며, 소형 대전력 정류용으로 사용한다.
  ② 양극(anode)·음극(cathode)·게이트(gate)의 3단자로 구성되어 있으며, 게이트에 신호가 인가되면 지속적인 게이트 전류의 공급 없이도 주회로에 역전류가 인가되거나 전류가 유지전류(holding currrent) 이하로 떨어질 때까지 통전상태를 유지한다.
  ③ 실리콘정류기를 사이리스터라 하며 대전력용에 수은정류기는 줄고, 실리콘 정류기의 사용이 점차 확대되고 있다.

(2) 기능
  ① 순방향저지
    다이오드와 달리 SCR은 순방향 전압이 인가되어도 바로 도통하지 않는다.
  ② SCR의 도통

> - 순방향전압이 인가된 상태에서 게이트전류를 흘려주어야 도통된다. 통전 또는 턴-온(turn-on)이라고도 한다.
> - 도통된 상태에서는 게이트전류를 줄이거나 차단시켜도 전류가 변하거나 턴-오프(turn-off)되지 않는다.
> - 래칭전류
>   SCR을 순방향 도통시키기 위한 최소전류
> - 브레이크오버전압
>   SCR을 순방향 도통시키기 위한 전압
> - 유지전류
>   도통상태를 유지하기 위한 최소전류로서 래칭전류보다 작다.

  ③ 역방향저지: 역전압 상태에서는 도통되지 않는다.
  ④ SCR의 turn off

> - 애노드에서 캐소드로 흐르는 전류를 유지전류이하로 낮춘다.
> - 애노드의 극성을 바꾼다.

(3) SCR의 특성
  ① PN형 반도체이다.
  ② 정류기능을 갖는 단방향(역저지)3단자 소자이다.
  ③ 도통시간이 짧다.

(4) GTO(gate turn off thyristor)
SCR은 게이트전류로 turn off 시킬 수 없으나 GTO는 게이트전류를 반대방향으로 흘려 turn off 시킬 수 있다. 이런 특징을 자기소호기능이라 한다.

(5) TRIAC(Trielectrode AC switch)
① 2개의 SCR을 역병렬 접속한 것과 같다.
② 양방향 도통이 가능한 3단자 소자이다.
③ 교류전력 제어용이다.

(6) SCS(silicon controlled switch)
2개의 게이트를 갖고 있어 4단자이며 단방향 소자이다.

(7) SSS(silicon symmetrical switch)
게이트가 없어 2단자이며 쌍방향 소자이다.

예제 6

게이트에 부(-)의 신호를 줄 때 소호되는 소자는?
① SCR　　　　② GTO　　　　③ TRIAC　　　　④ UJT
【해설】
GTO는 게이트전류를 반대방향으로 흘려 turn off 시킬 수 있다. 이런 자기소호기능이라 한다.
[답] ②

---

3) 기타반도체
  (1) 트랜지스터 : 전류증폭 작용

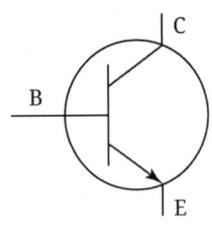　　　　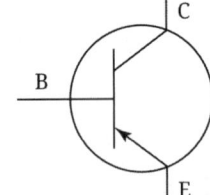
〈npn형〉　　　　　　　　　〈pnp형〉

  (2) MOSFET : 전계효과 트랜지스터로 입력 임피던스가 $10^{13}[\Omega]$ 정도로 높다.
  (3) IGBT : MOSFET보다 높은 항복전압과 전류를 얻을 수 있는 트랜지스터

(4) DIAC : 발진회로
(5) PUT : N게이트 사이리스터, 발진회로
(6) UJT : 발진회로
(7) 바리스터(Varistor) : 과도전압에 대한 회로 보호용 소자로 비직선적인 전압-전류 특성을 갖는 2단자 반도체 소자이다. SiC(탄화규소)를 주재료로 사용
(8) 서미스터(Thermister) : 온도가 증가하면 저항 값이 감소하는 부(-) 온도특성의 반도체 소자로, 온도보상용이나 온도계측용으로 사용

예제 7

바리스터(Varistor)를 옳게 설명한 것은?
① 비직선적인 전류-전압 특성을 갖는 2단자 반도체
② 비직선적인 전류-전압 특성을 갖는 4단자 반도체
③ 직선적인 전류-전압 특성을 갖는 4단자 반도체
④ 직선적인 전류-전압 특성을 갖는 리액턴스 소자

【해설】
바리스터는 인가하는 전압의 크기에 따라 저항값이 변하는 비직선적인 2단자의 저항소자이다.

[답] ①

4) 각 소자의 구성과 특성 비교
  (1) 접합 층
    ① 3층구조 : DIAC
    ② 4층구조 : SCR, LASCR, GTO, SCS
    ③ 5층구조 : TRIAC, SSS

  (2) 단자(극) 수
    ① 2단자 : Diode, DIAC, SSS
    ② 3단자 : SCR, LASCR, GTO, TRIAC
    ③ 4단자 : SCS

  (3) 방향성
    ① 단방향(역저지) : Diode, SCR, LASCR, GTO, SCS
    ② 양방향(쌍방향) : DIAC, TRIAC, SSS

> **예제 8**
> 다음 사이리스터 중 3단자 형식이 아닌 것은?
> ① SCR　　　② GTO　　　③ DIAC　　　④ TRIAC
> 【해설】
> ① 2단자 : Diode, DIAC, SSS
> ② 3단자 : SCR, LASCR, GTO, TRIAC
>
> [답] ③

03 정류 회로

1) 다이오드 정류회로

(1) 단상반파 정류회로

직류전압 $E_d = \dfrac{\sqrt{2}}{\pi} E = 0.45E$

최대 역전압 $PIV = E_d \times \pi = \sqrt{2}\, E$

여기서, E는 교류실효값이다.

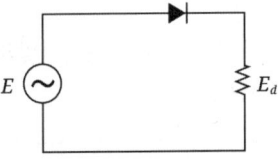

〈단상반파 정류회로〉

(2) 단상전파 정류회로

직류전압 $E_d = \dfrac{2\sqrt{2}}{\pi} E = 0.9E$

최대 역전압 $PIV = E_d \times \pi = 2\sqrt{2}\, E$

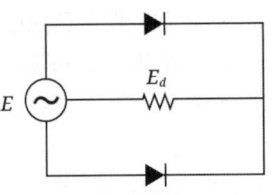

〈단상전파 정류회로〉

(3) 3상 정류회로
　① 반파정류 : $E_d = 1.17E$
　② 전파정류 : $E_d = 2.34E$

(4) 6상 정류회로
　① 반파정류 : $E_d = 1.35E$
　② 전파정류 : $E_d = 2.7E$

예제 9

위상제어를 하지 않은 단상 반파 정류 회로에서 소자의 전압 강하를 무시할 때 직류 평균값 E_d는? (단, E은 직류 권선의 상전압이다.)

① $0.45E$ ② $0.90E$ ③ $1.17E$ ④ $1.46E$

【해설】

직류전압 $E_d = \dfrac{\sqrt{2}}{\pi}E = 0.45E$

[답] ①

2) 사이리스터(SCR) 정류회로

  (1) 단상반파 정류회로

  직류전압 $E_d = \dfrac{\sqrt{2}}{\pi}E\left(\dfrac{1+\cos\alpha}{2}\right)$

  (2) 단상전파 정류회로

  직류전압 $E_d = \dfrac{2\sqrt{2}}{\pi}E\left(\dfrac{1+\cos\alpha}{2}\right)$

3) 맥동률

  (1) 맥동률 $= \dfrac{교류분}{직류분} \times 100[\%]$

  정류회로에 포함된 교류분 전압 = 직류분 × 맥동률

  (2) 정류회로별 맥동률

  ① 단상반파 정류회로 : 121[%]
  ② 단상전파 정류회로 : 48[%]
  ③ 3상반파 정류회로 : 17[%]
  ④ 3상반파 정류회로 : 4[%]

Chapter 04. 자동제어
적중실전문제

★★★★★

1. 출력이 입력에 전혀 영향을 주지 못하는 제어는?
   ① 프로그램 제어
   ② 피드백 제어
   ③ 개루프 제어
   ④ 폐루프 제어

   > **해설 1**
   > 개회로 제어계(Open Loop Control System)
   > 신호의 흐름이 열려있는 경우로 출력이 입력에 영향을 주지 못하므로 오차가 생겨도 수정할 수 없어 신뢰성이 낮으나 설치비가 저렴하다. 미리 정해진 순서에 따라 제어하므로 시퀀스 제어라고도 한다. (커피자판기)
   >
   > [답] ③

★★★★

2. 무인 커피 판매기는 무슨 제어인가?
   ① 프로세스 제어
   ② 서보 제어
   ③ 자동 조정
   ④ 시퀀스 제어

   > **해설 2**
   > 시퀀스 제어
   > 출력이 입력에 영향을 주지 못하므로 오차가 생겨도 수정할 수 없어 신뢰성이 낮으나 설치비가 저렴하다. 미리 정해진 순서에 따라 제어한다.
   >
   > [답] ④

★★★★

3. 피드백 제어계에서 가장 중요한 장치는?
   ① 응답속도를 빠르게 하는 장치
   ② 안정도를 좋게 하는 장치
   ③ 입·출력 비교장치
   ④ 고주파 발생장치

   > **해설 3**
   > 폐회로 제어계
   > 신호의 흐름이 폐회로를 이루는 경우로 제어계의 출력을 목표값과 비교하여 일치하지 않을 때는 동작신호계로 다시 보내져 오차를 수정하도록 하므로 피드백 제어계라고도 한다. 따라서, 입력과 출력을 비교하는 장치가 필수적으로 요구된다.
   >
   > [답] ③

★★★
4. 산업용 로봇의 무인 운전을 하기 위해서 필요한 제어는?
   ① 추종 제어   ② 프로그램 제어
   ③ 비율 제어   ④ 정치 제어

   해설 4
   프로그램 제어
   미리 정해진 프로그램에 따라 제어량을 변화시키는 것을 목적으로 한다.(무인 엘리베이터, 산업용 로봇)

   [답] ②

★★★
5. 프로세스 제어에 속하는 것은?
   ① 전압   ② 압력   ③ 주파수   ④ 장력

   해설 5
   프로세스 제어: 제어량이 공업프로세스의 온도, 압력, 유량, 액위, 농도, 밀도 등일 때

   [답] ②

★★★
6. 다음 중 프로세스 제어에 속하지 않는 것은?
   ① 위치   ② 온도   ③ 압력   ④ 유량

   해설 6
   프로세스 제어 : 제어량이 공업프로세스의 온도, 압력, 유량, 액위, 농도, 밀도 등일 때

   [답] ①

Chapter 04. 자동제어

★★★★

7. 자동 제어에서 검출 장치로 직류 발전기(소형)를 적용하였다. 이것은 다음 어느 검출인가?

① 유량의 검출 ② 온도의 검출
③ 위치의 검출 ④ 속도의 검출

해설 7
서보제어 : 제어량이 물체의 위치, 방위, 자세, 각도 등의 기계적 변위일 때

[답] ④

★★★☆

8. 제어요소가 제어대상에 주는 양은?

① 조작량 ② 동작신호
③ 기준입력 ④ 주 피드백 신호

해설 8
조작량 : 제어요소가 제어대상에 가하는 제어 신호로서 제어장치의 출력인 동시에 제어 대상의 입력이 되는 양을 말한다.

[답] ①

★★★☆

9. 자동제어 분류에서 제어량에 의한 분류가 아닌 것은?

① 추종 제어 ② 자동조정
③ 프로세스 제어 ④ 서보기구

해설 9
제어량의 종류에 의한 분류
① 서보제어 : 제어량이 물체의 위치, 방위, 자세, 각도 등의 기계적 변위일 때
② 자동조정 : 제어량이 전기와 동력에 관계되는 전압, 전류, 속도, 주파수, 장력 등일 때
③ 프로세스제어 : 제어량이 공업프로세스의 온도, 압력, 유량, 액위, 농도, 밀도 등일 때

[답] ①

★★★

10. 임의의 시간적 변화를 하는 목표치에 제어량을 추치시키는 것을 목적으로 하는 제어는?
　① 추종 제어　　　　　② 비율 제어
　③ 프로그램 제어　　　④ 정치 제어

> **해설 10**
> 추종 제어: 임의의 시간적 변화를 하는 목표값에 제어량을 추종시키는 것을 목적으로 한다.(대공포의 포신제어, 자동 아날로그선반)
>
> [답] ①

★★★

11. 목표값이 미리 정해진 시간적 변화를 하는 경우 제어량을 그것에 추종시키기 위한 제어는?
　① 프로그래밍 제어　　② 정치 제어
　③ 추종 제어　　　　　④ 비율 제어

> **해설 11**
> 프로그램 제어: 미리 정해진 프로그램에 따라 제어량을 변화시키는 것을 목적으로 한다.(무인 엘리베이터, 산업용 로봇)
>
> [답] ①

★★★★

12. 피드백 제어계중 물체의 위치, 방위, 자세 등의 기계적 변위를 제어량으로 하는 것은?
　① 서보기구(servo mechanism)
　② 자동조정(automatic regulation)
　③ 프로세스 제어(process control)
　④ 프로그램 제어(program control)

> **해설 12**
> 서보기구 제어 : 제어량이 물체의 위치, 방위, 자세, 각도 등의 기계적 변위
>
> [답] ①

13. 서보 모터(servo motor)는 서보 기구에서 주로 어느 부의 기능을 맡는가?
① 검출부 ② 제어부 ③ 비교부 ④ 조작부

해설 13
조작부 : 조절부의 신호를 조작량으로 변환한다.

[답] ④

14. 연속적 압연기용의 전동기에 대한 자동제어는?
① 정치 제어 ② 추종 제어
③ 프로그래밍 제어 ④ 비율 제어

해설 14
정치 제어 : 제어량을 어떤 일정한 목표값으로 유지시키는 것을 목적으로 한다.
(연속식 압연기, 항온조의 온도제어)

[답] ①

15. 전달 함수의 정의는?
① 출력 신호가 입력 신호의 곱이다.
② 모든 초기값을 ∞으로 한다.
③ 모든 초기값을 고려한다.
④ 모든 초기값이 0일 때의 입력과 출력의 비이다.

해설 15
모든 전달 함수는 초기값을 0으로 한다.

[답] ④

16. 적분 요소의 전달 함수는?

① K ② $\dfrac{K}{1+Ts}$ ③ $\dfrac{1}{Ts}$ ④ Ts

해설 16

K : 비례요소, $\dfrac{K}{1+Ts}$: 1차 지연요소, $\dfrac{1}{Ts}$: 적분요소, Ts : 미분요소

[답] ③

17. $G(s) = \dfrac{s+3}{s^2+5s+4}$ 의 특성근은?

① 0   ② -3   ③ 4, 1, 3   ④ -1, -4

해설 17

분모 $s^2+5s+4=0$ 에서 $(S+1)(S+4)=0$ $\therefore S=-1, -4$

[답] ④

18. 그림과 같은 블록선도에서 종합 전달 함수 $\dfrac{C}{R}$ 는?

① $\dfrac{G}{1+G}$ ② $\dfrac{G}{1-G}$
③ $1+G$ ④ $1-G$

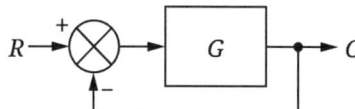

해설 18

$\dfrac{C}{R} = \dfrac{경로}{1-피드백} = \dfrac{G}{1-(-G)} = \dfrac{G}{1+G}$

[답] ①

19. 블록선도에서 $\dfrac{C}{R}$ 는 얼마인가?

① $\dfrac{G_1 G_2 G_3}{1 + G_2 G_3 + G_1 G_2 G_4}$

② $\dfrac{G_2 G_3 G_4}{1 + G_1 G_2 + G_1 G_2 G_3 G_4}$

③ $\dfrac{G_2 G_3}{1 + G_1 G_2 + G_3 G_4}$

④ $\dfrac{G_4}{1 + G_1 + G_2 G_3 G_4}$

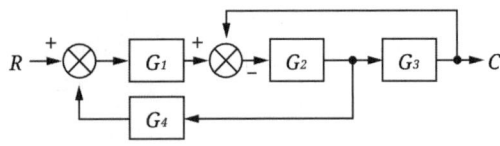

해설 19

$\dfrac{C}{R} = \dfrac{경로}{1 - 피드백} = \dfrac{G_1 G_2 G_3}{1 - (-G_2 G_3 - G_1 G_2 G_4)} = \dfrac{G_1 G_2 G_3}{1 + G_2 G_3 + G_1 G_2 G_4}$

[답] ①

20. 제어계의 각 부에 전달되는 모든 신호가 시간의 연속 함수인 궤환 제어계는?

① ON-OFF 제어 ② 비례 동작 제어
③ 적분 동작 제어 ④ 미분 동작 제어

해설 20

비례 동작 제어 : 모든 신호가 시간의 연속 함수로 궤환하여 잔류 편차가 발생한다.

[답] ②

21. rate 동작이라고도 하며 제어 오차가 검출될 때 오차가 변화하는 속도에 비례하여 조작량을 가감하도록 하는 동작은?

① 미분 동작 ② 비례 적분 동작
③ 적분 동작 ④ 비례 동작

해설 21
미분 동작(D동작) : rate 동작이라고도 하며 제어 오차가 검출될 때 오차가 변화하는 속도에 비례하여 조작량을 가감

[답] ①

22. 잔류 편차(off set)를 일으키는 제어는?
① 비례 제어
② 적분 제어
③ 비례 적분 제어
④ 비례 적분 미분 제어

해설 22
비례동작(P동작) : 잔류편차 발생

[답] ①

23. 다음 소자 중 온도를 전압으로 변환시키는 요소는?
① 차동 변압기
② 열전대
③ CdS
④ 광전지

해설 23

변환량	변환요소
압력 → 변위	벨로우즈(Bellows), 다이어프램, 스프링
변위 → 압력	노즐 플래퍼, 유압 분사관, 스프링
변위 → 임피던스	가변 저항기, 용량형 변압기, 가변저항 스프링
변위 → 전압	포텐셔미터, 차동 변압기, 전위차계
전압 → 변위	전자석, 전자 코일(솔레노이드)
빛 → 임피던스	광전관, 광전도 셀(Photo Cell), 광전 트랜지스터
빛 → 전압	광전지(Solar Cell), 광전 다이오드
방사선 → 임피던스	가이거뮬러(GM)관, 전리함
온도 → 임피던스	측온 저항(열선, 서미스터, 백금, 니켈) 정온식 감지선형 감지기
온도 → 전압	열전대, 열전대식 감지기

[답] ②

24. 반도체에 광이 조사되면 전기 저항이 감소되는 현상은?
   ① 열진동   ② 광전 효과   ③ 제벡 효과   ④ 홀 효과

   해설 24
   광전 효과 : 반도체에 빛을 받으면 전기 저항이 감소하는 현상
   [답] ②

25. PN 접합형 Diode는 어떤 작용을 하는가?
   ① 발진작용   ② 증폭작용   ③ 정류작용   ④ 교류작용

   해설 25
   PN접합형 Diode는 정류 작용을 한다.
   [답] ③

26. PN 접합다이오드에서 cut-in Voltage란?
   ① 순방향에서 전류가 현저히 증가하기 시작하는 전압이다.
   ② 순방향에서 전류가 현저히 감소하기 시작하는 전압이다.
   ③ 역방향에서 전류가 현저히 감소하기 시작하는 전압이다.
   ④ 역방향에서 전류가 현저히 증가하기 시작하는 전압이다.

   해설 26
   cut-in voltage (다이오드의 도통, 통전, 턴-온)
   P와 N의 접합부에서 정공(+)과 전자(-)가 결합하여 공핍층이라 하는 전위장벽이 만들어 진다. 여기에 순방향(애노드에 +, 캐소드에 -)전압을 걸어주면 P에 있던 정공은 척력에 의해 전위 장벽을 넘어가 전류가 현저히 증가하게 된다.
   [답] ①

27. 터널 다이오드의 응용 예가 아닌 것은?
   ① 증폭 작용   ③ 개폐 작용
   ② 발진 작용   ④ 정전압 정류작용

해설 27
터널 다이오드 : 불순물의 함량을 증가시켜 전위장벽을 얇게 만들어 터널효과에 의해 전류가 흐른다. (발진작용, 스위치작용, 증폭작용)

[답] ④

28. 터널 다이오드의 용도로 다음 중 가장 널리 사용되는 것은?
① 검파 회로　　　　② 스위칭 회로
③ 정류기　　　　　④ 정전압소자

해설 28
터널 다이오드의 스위치 작용을 통해 스위칭 회로로 이용한다.

[답] ②

29. 다음 중 가변용량 소자는?
① 터널 다이오드　　② 버랙터 다이오드
③ 제너 다이오드　　④ 포토 다이오드

해설 29
버랙터 다이오드 : 공핍층의 두께를 조절하는 가변용량 다이오드

[답] ②

30. 제너 다이오드는 다음 중 어느 회로에 쓰이는가?
① 일정한 전압을 얻는 회로　　② 일정한 전류를 흘리는 회로
③ 검파회로　　　　　　　　　④ 발진회로

해설 30
제너 다이오드 : 정전압 다이오드라고 한다.

[답] ①

31. 제너 다이오드에 관한 설명 중 틀린 것은?
   ① 정전압 소자이다.
   ② 인가되는 전압의 크기에 따라 전류방향이 달라진다.
   ③ 정·부의 온도계수를 가진다.
   ④ 과전류 보호용으로 사용된다.

   해설 31
   제너 다이오드 : 역방향 바이어스 시 항복전압에 도달하기 전에 전압이 일정해지는 제너효과를 이용하며, 정전압 다이오드라고 한다.

   [답] ②

32. 동일 정격의 다이오드를 병렬로 사용하면 어떻게 되는가?
   ① 역전압을 크게 할 수 있다.
   ② 순방향 전류를 증가시킬 수 있다.
   ③ 전원 변압기를 사용할 수 있다.
   ④ 필터 회로가 필요 없게 된다.

   해설 32
   다이오드의 직렬 및 병렬 접속
   ① 다이오드의 직렬 접속 : 과전압 방지 기능
   ② 다이오드의 병렬 접속 : 과전류 방지 기능

   [답] ②

33. 다음 SCR의 기호 중 옳은 것은?

① 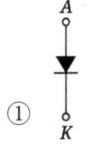   ② 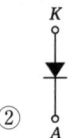   ③ 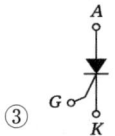   ④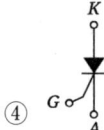

해설 33

SCR의 기호 :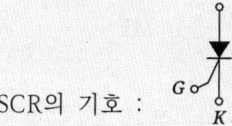

[답] ③

---

34. 실리콘 제어 정류기(SCR)는 어떤 형태의 반도체인가?
① NP형 반도체
② N형 반도체
③ PN형 반도체
④ P형 반도체

해설 34
실리콘 제어 정류기(SCR)
㉠ PN형 반도체이다.
㉡ 정류기능을 갖는 단방향(역저지)3단자 소자이다.
㉢ 도통시간이 짧다.

[답] ③

---

35. SCR을 사용할 때 올바른 전압공급 방법은?
① 애노드⊕, 캐소드⊖, 게이트⊕
② 애노드⊕, 캐소드⊖, 게이트⊖
③ 애노드⊖, 캐소드⊕, 게이트⊕
④ 애노드⊖, 캐소드⊕, 게이트⊖

해설 35
양극(anode)·음극(cathode)·게이트(gate)의 3단자로 구성되어 있으며, 게이트에 신호가 인가되면 지속적인 게이트 전류의 공급 없이도 주회로에 역전류기 인가되거나 전류가 유지전류(holding currrent) 이하로 떨어질 때까지 통전상태를 유지한다.

[답] ①

36. 게이트(gate)에 신호를 가해야만 동작되는 소자는?
   ① DIAC   ② UJT   ③ SCR   ④ MPS

   해설 36
   순방향전압이 인가된 상태에서 게이트전류를 흘려주어야 도통된다. 통전 또는 턴-온(turn-on)이라고도 한다.

   [답] ③

37. SCR의 턴온(turn on) 시 20[A]의 전류가 흐른다. 게이트 전류를 반으로 줄일 때 SCR의 전류[A]는?
   ① 5   ② 10   ③ 20   ④ 40

   해설 37
   SCR은 도통된 상태에서 게이트전류를 줄이거나 차단시켜도 전류가 변하거나 턴-오프(turn-off)되지 않는다.

   [답] ③

38. LASCR은 무엇에 의해 트리거 되는가?
   ① 열   ② 압력   ③ 온도   ④ 빛

   해설 38
   광(동작) 실리콘 다이오드 : Light Activated Silicon Controlled Rectifier
   트리거 전류 : SCR을 순방향 도통시키기 위한 게이트 전류

   [답] ④

39. 소형이면서 대전력용 정류기로 사용하는 것은?
   ① 게르마늄 정류기　　② SCR
   ③ 수은 정류기　　　　④ 셀렌 정류기

   해설 39
   SCR : 소형이며, 대전력용 정류기로 사용이 된다.

   [답] ②

40. SCR의 특징을 설명한 것 중 맞지 않는 것은?
   ① 스위칭 소자이다.
   ② 대전류 제어 정류용으로 이용된다.
   ③ 아크가 생기며 열의 발생이 많다.
   ④ turn-off 시간 및 순방향 전압 강하는 사이라트론보다 우수하다.

   해설 40
   아크가 생기며 열이 발생할 수 있는 것은 수은정류기이며, 용량이 작은 수은정류기를 사이라트론이라 한다.

   [답] ③

41. SCR의 설명 중 옳지 않은 것은?
   ① 전류 제어장치이다.
   ② 이온이 소멸되는 시간이 길다.
   ③ 통과시키는 데 게이트가 큰 역할을 한다.
   ④ 사이라트론과 기능이 닮았다.

   해설 41
   실리콘 제어 정류기(SCR)
   ㉠ PN형 반도체이다.
   ㉡ 정류기능을 갖는 단방향(역저지)3단자 소자이다.
   ㉢ 도통시간이 짧다.

   [답] ②

42. SCR의 특징을 설명한 것 중 맞지 않는 것은?
① 소형이면서 가볍고 고속동작을 한다.
② turn-off 시간 및 순방향 전압 강하는 사이라트론(thyratron)보다 우수하다.
③ 입력신호의 제어로 전류, 출력전압을 제어할 수 있다.
④ 제어가 되지 않는다.

해설 42
게이트 전류를 통해 제어가 가능하다.

[답] ④

43. 반도체 소자 SCR에 대한 설명 중 잘못된 것은?
① SCR은 순방향으로 부성저항을 가지고 있다.
② OFF 상태의 저항은 매우 낮다.
③ ON 상태에서는 PN 접합의 순방향과 마찬가지로 낮은 저항을 나타낸다.
④ SCR은 실리콘의 PNPN 4층으로 되어있다.

해설 43
OFF 상태의 저항은 매우 높다.

[답] ②

44. 도통상태(ON상태)에 있는 SCR을 차단상태(turn off)로 하기 위한 적당한 방법은?
① 게이트 전류를 차단시킨다.
② 양극 전압을 음으로 한다.
③ 게이트에 역방향 바이어스를 인가시킨다.
④ 양극전압을 더 높게 가한다.

해설 44
• 애노드에서 캐소드로 흐르는 전류를 유지전류 이하로 낮춘다.
• 애노드(+)의 극성을 바꾼다.

[답] ②

45. 게이트에 부(-)의 신호를 줄 때 소호되는 소자는?

① SCR ② GTO ③ TRIAC ④ UJT

해설 45

GTO는 게이트전류를 반대방향으로 흘려 turn off 시킬 수 있다. 이런 특징을 자기소호기능이라 한다.

[답] ②

46. GTO의 특성이 아닌 것은?

① +의 게이트 전류로 턴온 된다.
② -의 게이트 전류로 턴오프 되지 않는다.
③ 자기 소호성이 있다.
④ 과전류 내량이 크다.

해설 46

GTO(gate turn off thyristor)
게이트전류를 반대방향으로 흘려 turn off 시킬 수 있다.

[답] ②

47. 반도체 트리거 소자로서 자기회복 능력이 있는 것은?

① SCR ② SCS ③ SSS ④ GTO

해설 47

SSS는 자기회복 능력이 있다.

[답] ③

48. 다음 사이리스터 소자 중 게이트에 의한 턴·온을 이용하지 않는 소자는?

① SSS(silicon symmetrical switch)
② SCR(silicon controlled rectifier)
③ GTO(gate turn off)
④ SCS(silicon controlled switch)

해설 48

SSS(silicon symmetrical switch)
게이트가 없어 2단자이며 쌍방향 소자이다.

[답] ①

49. 2극 쌍방향 사이리스터의 호칭은?

① SCR　　② TRIAC　　③ DIAC　　④ SCS

해설 49

각 소자의 구성과 특성 비교
1) 접합 층
　① 3층구조 : DIAC
　② 4층구조 : SCR, LASCR, GTO, SCS
　③ 5층구조 : TRIAC, SSS
2) 단자(극) 수
　① 2단자 : Diode, DIAC, SSS
　② 3단자 : SCR, LASCR, GTO, TRIAC
　③ 4단자 : SCS
3) 방향성
　① 단방향(역저지) : Diode, SCR, LASCR, GTO, SCS
　② 양방향(쌍방향) : DIAC, TRIAC, SSS

[답] ③

★★★★

50. 다음 사이리스터 중 3단자 형식이 아닌 것은?
   ① SCR   ② GTO   ③ DIAC   ④ TRIAC

   해설 50
   ① 2단자 : Diode, DIAC, SSS
   ② 3단자 : SCR, LASCR, GTO, TRIAC

   [답] ③

★★★★

51. 다음 소자 중 쌍방향성 사이리스터가 아닌 것은?
   ① DIAC   ② TRIAC   ③ SSS   ④ SCR

   해설 51
   ① 단방향(역저지) : Diode, SCR, LASCR, GTO, SCS
   ② 양방향(쌍방향) : DIAC, TRIAC, SSS

   [답] ④

★★★

52. SCS(Silicon Controlled. SW)의 특징이 아닌 것은?
   ① 게이트 전극이 2개이다.
   ② 쌍방향 2단자 사이리스터이다.
   ③ 쌍방향으로 대칭적인 부성저항 영역을 갖는다.
   ④ AC의 ⊕⊖전파 기간 중 트리거용 펄스를 얻을 수 있다.

   해설 52
   2개의 게이트를 갖고 있어 4단자이며 단방향 소자이다.

   [답] ②

53. 다음 설명 중 옳은 것은?
   ① DIAC은 NPN 3층으로 되어있고 쌍방향으로 대칭적인 부성 저항을 나타낸다.
   ② SCR은 PNPN이라는 2층의 구조로 되어있다.
   ③ 트라이액은 2극 쌍방향 사이리스터로 되어있다.
   ④ SSS는 3극 쌍방향 사이리스터로 되어있다.

   해설 53
   ① DIAC은 NPN 3층으로 2극 쌍방향 소자이다.
   ② SCR은 PNPN이라는 4층의 구조로 되어있다.
   ③ 트라이액은 3극 쌍방향 사이리스터로 되어있다.
   ④ SSS는 2극 쌍방향 사이리스터로 되어있다.

   [답] ①

54. 역 병렬로 된 2개의 SCR과 유사한 양방향성 3단자 다이리스터로서 AC 전력의 제어에 사용하는 것은?
   ① TRIAC   ② SCS   ③ GTO   ④ LASCR

   해설 54
   TRIAC(Trielectrode AC switch)
   ① 2개의 SCR을 역병렬 접속한 것과 같다.
   ② 양방향 도통이 가능한 3단자 소자이다.
   ③ 교류전력 제어용이다.

   [답] ①

55. 사이리스터의 응용에 대한 설명이 잘못된 것은?
   ① AC-DC 변환이 가능하다.
   ② 위상 제어에 의해 AC 전력 제어가 된다.
   ③ AC 전원에서 가변 주파수 AC 변환이 가능하다.
   ④ 가격이 비싸고 주파수 제어, 직류 제어가 되지 않는다.

해설 55
교류 및 직류 제어가 가능하다.

[답] ④

56. 바리스터(Varistor)을 옳게 설명한 것은?
    ① 비직선적인 전류-전압 특성을 갖는 2단자 반도체
    ② 비직선적인 전류-전압 특성을 갖는 4단자 반도체
    ③ 직선적인 전류-전압 특성을 갖는 4단자 반도체
    ④ 직선적인 전류-전압 특성을 갖는 리액턴스 소자

해설 56
바리스터는 인가하는 전압의 크기에 따라 저항값이 변하는 비직선적인 2단자의 저항소자이다.

[답] ①

57. 바리스터의 용도는?
    ① 전압증폭
    ② 정전압
    ③ 과도전압에 대한 회로보호
    ④ 전류특성을 갖는 4단자 반도체 장치에 사용

해설 57
바리스터(Varistor) : 과도전압에 대한 회로 보호용 소자로 비직선적인 전압-전류 특성을 갖는 2단자 반도체 소자이다. SiC(탄화규소)를 주재료로 사용

[답] ③

58. 서미스터(Thermister)의 설명으로 잘못된 것은 어느 것인가?
① 부(-)의 온도계수를 갖고 있다.
② 정(+)의 온도계수를 갖고 있다.
③ 다른 전자장치의 온도보상을 위하여 사용한다.
④ 열의 의존도가 큰 반도체를 서미스터의 재료로 사용한다.

해설 58
정(+)의 온도계수는 온도 상승 시 저항이 증가하는 성질을 말한다.

[답] ②

59. 다음 중 인버터(inverter)에 대한 설명으로 알맞은 것은?
① 직류를 더 높은 직류로 변환하는 장치
② 교류전원을 더 낮은 교류전원으로 변환하는 장치
③ 교류전원을 직류전원으로 변환하는 장치
④ 직류전원을 교류전원으로 변환하는 장치

해설 59
인버터 : 직류 전원을 교류 전원으로 변환하는 장치

[답] ④

60. 위상제어를 하지 않은 단상 반파 정류 회로에서 소자의 전압 강하를 무시할 때 직류 평균값 E_d는? (단, E : 직류 권선의 상전압(실효값)이다.)
① $0.45E$ ② $0.90E$ ③ $1.17E$ ④ $1.46E$

해설 60
단상반파 정류회로
직류전압 $E_d = \frac{\sqrt{2}}{\pi}E = 0.45E$

[답] ①

61. 교류 200[V], 정류기 전압 강하 10[V]인 단상반파 정류 회로의 저항 부하의 직류 전압[V]은?

① 약 80　　　② 약 155　　　③ 약 200　　　④ 약 210

해설 61

단상반파 정류회로

직류전압 $E_d = \dfrac{\sqrt{2}}{\pi}E - e = 0.45E - e = 0.45 \times 200 - 10 = 80$

여기서, e : 정류기의 전압강하

[답] ①

62. 단상 정류로 직류전압 200[V]를 얻으려면 반파 정류의 경우에 변압기의 2차 권선 상전압 V_s를 약 몇 [V]로 하여야 하는가?

① 127　　　② 200　　　③ 322　　　④ 444

해설 62

반파정류 $E_d = 0.45E$ ∴ $E = \dfrac{200}{0.45} = 444[V]$

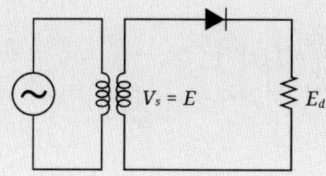

여기서, 변압기 2차 권선 상전압 V_s는 정류기의 입력 교류 실효값 E와 같다.

[답] ④

63. 권선비가 1:3인 전원변압기를 통하여 100[V]의 교류 입력이 전파 정류되었을 때 출력전압의 평균값은?

① 약 300[V] ② 약 637[V]
③ 약 270[V] ④ 약 423[V]

해설 63
그림과 같이 변압기의 권수비가 1:3 이므로 정류기 입력은 300[V]이다.
직류전압 $E_d = 0.9 \times E = 0.9 \times 300 = 270[V]$

[답] ③

64. 그림과 같은 단상 전파 정류 회로에서 순 저항 부하에 직류전압 100[V]를 얻고자 할 때 변압기 2차 1상의 전압[V]을 구하시오.

① 약 220 ② 약 111
③ 약 105 ④ 약 100

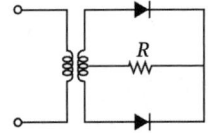

해설 64
전파정류 $E_d = 0.9E$, $E = \dfrac{100}{0.9} = 111[V]$

[답] ②

65. 같은 크기의 교류 전압을 실리콘 정류기로 정류하여 직류 전압을 얻는 경우 가장 높은 직류 전압을 얻을 수 있는 정류 방식은? (단, 필터는 없는 것으로 하고 부하는 순저항 부하이다.)

① 단상 반파 ② 3상 반파
③ 단상 전파 ④ 3상 전파

해설 65
① 단상 반파 : $E_d = 0.45E$
② 단상 전파 : $E_d = 0.9E$
③ 3상 반파 : $E_d = 1.17E$
④ 3상 전파 : $E_d = 2.34E$

[답] ④

66. 다음 정류 방식 중 맥동률(ripple factor)이 가장 적은 것은?
　　① 단상 반파 방식　　② 단상 전파 방식
　　③ 3상 반파 방식　　④ 3상 전파 방식

해설 66
맥동률
① 단상 반파 : 121[%]
② 단상 전파 : 48[%]
③ 3상 반파 : 17[%]
④ 3상 전파 : 4[%]

[답] ④

MEMO

Chapter 05

전기화학

01. 전기 화학 이론

02. 전지

- 적중실전문제

Chapter 05 전기화학

01 전기 화학 이론

1) 전기분해

전기분해는 전해질이 전기에 의해서 분리되는 현상이다. 전해조의 두 전극 사이에 전압을 인가하면 양(+)이온은 음극으로 이동하여 음극의 전자와 결합하여 중화된다. 음(-)이온은 양극으로 이동하여 전자를 잃고 중성원자가 된다. 전해질은 액체로서 전기장에서 양이온 및 음이온으로 전리된다.

(1) 패러데이 법칙

전기분해로 얻어지는 물질의 양 $W[g]$은 전해액을 통과하는 전기량 $Q[C]$에 비례하고, 물질의 전기화학당량 $K[g/C]$에 비례한다.
전해액 또는 전해질용액은 전해조에 넣어서 양(+)이온 및 음(-)이온으로 전리되며 전기가 통하는 물질이다.
전기량 $Q[C]$는 전류 $I[A]$와 시간 $t[S]$의 곱이다. 즉, $Q = It[C]$이다.

$$W = KQ = KIt[g]$$

(2) 전기화학당량 K

① 전기화학당량 $K = \dfrac{\text{화학당량}}{96,500}[g/C]$, 패러데이 상수 $F ≒ 96,500$이다.

② 화학당량 $= \dfrac{\text{원자량}}{\text{원자가}}[g]$

(3) 이온화 경향이 큰 순서

① 원자 또는 분자가 이온이 되려고 하는 경향으로, 쉽게 이온화되는 것을 '이온화 경향이 크다.' 또는 '산화되기 쉽다.'고 말한다.
Li(리튬) > K(칼륨) > Ba(바륨) > Ca(칼슘) > Na(나트륨) > Mg(마그네슘) > Al(알루미늄) > Mn(망간) > Cr(크롬) > Fe(철) > Co(코발트) > Ni(니켈) > Sn(주석) > Cu(구리) > Hg(수은) > Ag(은) > Pt(백금) > Au(금)의 순서이며, 이하는 생략한다.

예제 1

전기분해에서 패러데이의 법칙을 나타낸 것으로 알맞은 것은?
여기서, $Q[C]$: 통과한 전기량, K : 물질의 전기화학 당량, $W[g]$: 석출된 물질의 양, I : 전류, t : 전류의 통과 시간, $E[V]$: 전압이다.

① $W = K\dfrac{Q}{E}[g]$ ② $W = \dfrac{1}{R}Q = \dfrac{1}{R}It[g]$

③ $W = KQ = KIt[g]$ ④ $W = KEt[g]$

【해설】
패러데이 법칙 $W = KQ = KIt[g]$

[답] ③

2) 전기분해를 이용하는 분야

(1) 물의 전기분해

순수한 물은 부도체이다. 따라서 물은 도전율이 낮기 때문에 전기가 잘 통하도록 전해질을 넣어야한다. 20[%] 정도의 가성소다(NaOH : 수산화나트륨)와 가성칼리(KOH : 수산화칼륨)을 사용하여 도전율을 높인다. 음(-)극은 산화반응으로 수소기체가 발생하고, 양(+)극은 환원반응으로 산소기체가 발생한다.

(2) 전기도금

도금되는 금속을 음극으로, 덮어씌울 금속 즉 도금할 금속을 양극으로 사용한다. 두 전극을 전해질용액에 넣고 직류전원을 접속하면 음극의 금속에 전기도금이 된다. 전기도금은 물질의 표면을 매끄럽게 하고, 쉽게 닳거나 부식되지 않도록 보호한다.

(3) 전주

① 전기도금을 이용한 주조이다. 전기도금을 두껍게 하여 금속 층을 만들고, 원형(原型)을 분리한 후 똑같은 모양의 것을 복제하는 방법이다.
② 적용 부분은 금속활자, 레코드원판 등이다.

(4) 전해연마

① 연마하려는 금속을 양극으로 하고 전해액속에서 전기분해하면 금속표면의 볼록한 돌기 부분이 용해되어 거울처럼 매끈한 면을 얻는 방법이다.
② 적용 부분은 식기, 바늘, 터빈날개, 반사경 등이다.

(5) 전해정련
① 전기분해를 이용하여 금속의 순도를 높이는 방법으로 순도가 낮은 금속을 양극으로 하고 전해액에 넣어 전류를 흘리면 음극에 순수한 금속이 석출되고 불순물은 전해조 바닥에 남는다.
② 적용 부분은 구리, 금, 은, 주석, 니켈 등이다.

(6) 전기영동
기체나 액체 내에 고체의 입자가 널려있는 경우 직류전압을 인가하면 정(+)의 입자는 음극으로, 부(-)의 입자는 양극으로 향하여 이동하는 현상을 전기영동이라고 한다.

(7) 전기침투
① 중금속류의 용액 속에 격막을 설치하고 직류전압을 인가할 때 액체만 격막을 통과하여 음극으로 이동하는 현상이다.
② 적용 부분은 전해콘덴서 제조, 재생고무 제조 등이다.

예제 2

기체나 액체 내에 고체의 입자가 널려있는 경우 여기에 직류전압을 인가하면 입자가 이동한다. 이러한 현상을 무엇이라 하는가?
① 전기 집진   ② 전기 방식   ③ 전기 영동   ④ 전기 투석

【해설】
전기영동은 기체나 액체 내에 고체입자가 널려있는 경우 직류전압을 인가하면 정(+)의 입자는 음극으로, 부(-)의 입자는 양극으로 향하여 이동하는 현상이다.

[답] ③

02 전지

1) 전지의 종류
   (1) 1차 전지
   충전 및 방전을 반복할 수 없는 전지이다. 한 번 방전되면 충전이 불가능한 전지이다. 종류는 다음과 같다.
   ① 망간 전지(보통 건전지)

   > • 양극 : 탄소봉, 음극 : 아연판
   > • 전해액 : NH_4Cl(염화암모늄)
   > • 감극제 : MnO_2(이산화망간)
   > • 가격이 저렴, 연속적 사용에 적합, 급방전에는 부적합하다.

   ② 공기 전지

   > • 양극 : 탄소, 음극 : 흑연, • 감극제 : O(공기 중의 산소)
   > • $Zn + 2NaOH + O \rightarrow Na_2ZnO_2 + H_2O$
   > (아연 +가성소다 +산소 → 아연산소다 +물)
   > • 사용 중의 자기방전이 적고 오래 보존할 수 있다.
   > • 방전 시 전압변동이 작다.
   > • 온도차에 따른 전압변동이 작다.
   > • 내열, 내한, 내습성이 좋다.

   ③ 수은 전지
   ④ 리튬 1차 전지
   ⑤ 연료 전지

예제 3

망간 건전지의 전해액으로 쓰이는 것은?
① MnO_2 ② $CuSO_4$ ③ NH_4Cl ④ H_2SO_4

【해설】
망간 전지(보통 건전지)
• 전해액 : NH_4Cl(염화암모늄)
• 감극제 : MnO_2(이산화망간)

[답] ③

(2) 2차 전지 : 충전 및 방전을 반복적으로 할 수 있는 전지이다.
  ① 연축전지

  - 화학반응식 $PbO_2 + 2H_2SO_4 + Pb \underset{방전}{\overset{충전}{\Leftrightarrow}} PbSO_4 + 2H_2O + PbSO_4$
    (양극+전해액+음극 $\underset{방전}{\overset{충전}{\Leftrightarrow}}$ 양극+전해액+음극)
  - 양극재료 충전 시 : PbO_2(이산화납)
    　　　　　방전 시 : $PbSO_4$(황산납)
  - 연축전지의 방전 시 방전전류 I[A]와 방전 지속시간 t[h]
    사이 관계 실험식이다.
    $I^n t$ = 일정, 여기에서 n는 1.3~1.7이다.
  - CS형 : 일반 방전형, HS형 : 고율 방전형, 단시간 대전류 부하용

  ② 알칼리 축전지

  - 융그너 전지 : 양극-수산화니켈, 음극-카드뮴,
    　　　　　전해액-수산화칼륨(KOH)
  - 에디슨 전지 : 양극-수산화니켈, 음극-철,
    　　　　　전해액-수산화칼륨(KOH)
  - **알칼리 축전지의 장점**
    납축전지보다 수명이 길다.
    기계적 강도가 좋고, 운반진동에 견딜 수 있다.
    광범위한 온도에서 동작하고 저온특성이 좋다.
    급격한 충·방전에 견디며, 다소용량이 감소되어도 사용불능이
    되지 않는다.
  - **알칼리 축전지의 단점**
    납축전지보다 공칭전압이 낮다.
    가격이 비싸다.
  - 방전특성에 따른 종류
    ① 포켓식
    　　AM : 표준형, AMH : 급방전형
    ② 소결식
    　　AH-S : 초급방전형, AHH : 초초급방전형

③ 연축전지와 알칼리전지의 특성

	공칭전압	공칭용량
연축전지	2[V/cell]	10[Ah]
알칼리전지	1.2[V/cell]	5[Ah]

(3) 물리 전지

물리적 에너지를 전기에너지로 변환하는 장치로 태양 전지, 원자력 전지, 열 전지, 광 전지가 있다.

(4) 표준 전지

전위차를 측정할 때 표준으로 사용하는 전지로 장시간 전류를 흘렸을 때, 또는 기압이나 온도 변화에서 기전력이 변화하지 않아야 한다.
① 카드뮴 전지(웨스턴 전지) : 현재 사용 중인 표준 전지
② 클라크 전지 : 초기에 사용한 표준 전지

예제 4

전지에는 1, 2차 전지가 있다. 2차 전지의 종류에 해당하는 것은?
① 알칼리 축전지   ② 망간 건전지   ③ 수은 전지   ④ 리튬 전지

【해설】
• 1차 전지 : 망간 전지(보통 전지), 공기 전지, 수은 전지, 1차 리튬 전지
• 2차 전지 : 연(납) 축전지, 알칼리 축전지
• 물리 전지
• 표준 전지

[답] ①

2) 분극작용

(1) 분극작용
전지에서 전류가 흐르면 양(+)극에서 수소 기체가 발생하고, 이 수소기체가 환원 반응이 일어나는 것을 막아 전류의 흐름을 방해하는 반대극성의 기전력을 생기게 하여 단자 전압이 낮아지는 현상이다.

(2) 감극제
분극작용은 기전력을 저하시키므로, 양극을 수소와 결합하기 쉬운 산화물로 씌워 분극작용에 의한 단자 전압이 낮아지는 것을 방지하는 것이다.

전지	감극제
망간(보통)전지	MnO_2
공기전지	O_2
수은전지	HgO
표준전지	Hg_2SO_4

(3) 국부 작용
전지의 극판은 전해액 등에 불순금속이 있으면 이것이 음극면에 부착하여 납과의 사이에 국부전지를 형성하며 국부적 방전전류를 발생하여 극판의 용량을 소모한다. 국부작용방지를 위하여 전극에 수은 도금을 한다.

(4) 황산화 현상
연축전지를 방전 상태에서 오랫동안 두면 극판은 황산납이 생기고, 휘어지며, 내부저항이 커지며, 용량이 감소하는 현상이다.

예제 5

전지의 국부 작용을 방지하는 방법으로 다음 중 알맞은 것은?
① 감극제　　　② 완전 밀폐　　　③ 니켈 도금　　　④ 수은 도금

【해설】
국부작용방지를 위하여 전극에 수은도금을 한다.

[답] ④

3) 축전지의 충전방식
 (1) 초기충전
  축전지에 전해액을 넣지 아니한 미충전 상태의 전지에 전해액을 주입하여 처음으로 하는 충전이다.

 (2) 보통충전
  필요할 때마다 표준 시간율로 소정의 충전을 하는 방식이다.

 (3) 급속충전
  비교적 단시간에 보통 충전전류의 2~3배의 전류로 충전하는 방식이다.

 (4) 부동충전
  축전지의 자기 방전을 보충함과 동시에 상용부하에 대한 전력공급은 충전기가 부담하도록 하며, 충전기가 부담할 수 없는 일시적인 대전류 부하는 축전지로 하여금 분담하게 하는 방식이다.

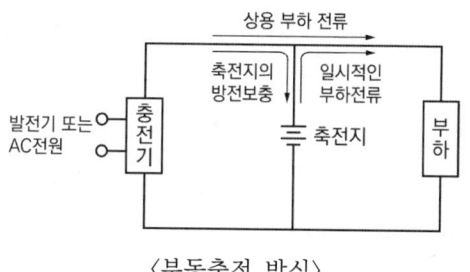

〈부동충전 방식〉

  ① 부동 충전 전압
    CS형(클래드식 : 완만한 방전형) : 2.15[V/cell]
    HS형(페이스트식 : 급 방전형) : 2.18[V/cell]
  ② 방전 종지 전압 : 방전을 계속할 경우 극판이 손상되므로 방전을 중지할 경우의 전지의 단자전압 : 1.75[V/cell]

 (5) 세류충전
  자기 방전량만을 바로 충전하는 방식으로, 부동충전 방식의 일종이다.

 (6) 균등충전
  부동 충전을 계속할 경우 전지의 셀당 전압이 달라져 전위차가 발생하므로 전위차를 보정하기 위한 충전방식이며 각 전해조의 용량이 균일해진다.

예제 6

축전지의 충전 방식 중 전지의 자기 방전을 보충함과 동시에 상용 부하에 대한 전력 공급은 충전기가 부담하도록 하며, 충전기가 부담할 수 없는 일시적인 대전류 부하는 축전지로 하여금 분담케 하는 충전 방식은?

① 보통 충전　　② 과부하 충전　　③ 세류 충전　　④ 부동 충전

【해설】
부동 충전 방식은 축전지의 자기 방전을 보충함과 동시에 상용부하에 대한 전력공급은 충전기가 부담하도록 하며, 충전기가 부담할 수 없는 일시적인 대전류 부하는 축전지로 하여금 분담하게 하는 방식이다.

[답] ④

4) 설페이션(Sulfation) 현상

연축전지를 방전 상태에서 오랫동안 두면 극판의 황산납이 회백색으로 변한다. 이것을 황산화 현상이라 한다. 따라서 축전지는 내부 저항이 대단히 커지며, 충전 시 전해액의 온도가 상승하고, 황산의 비중 상승이 낮으며, 가스 발생이 심하게 되며, 전지의 용량이 감소하고, 수명이 단축된다. 이 현상을 설페이션 현상이라 한다.

(1) 원인

방전 상태에서 장시간 두는 경우, 방전 전류가 대단히 큰 경우, 불충분한 충전을 반복하는 경우이다.

(2) 현상

극판이 회백색으로 변하고 극판이 휘어진다.
충전 시 전해액의 온도 상승이 크고, 비중 상승이 낮으며, 가스의 발생이 심하다.

예제 7

납 축전지에서 극판이 회백색이 되고, 용량이 감소하는 현상은 무엇인가?

① 극판의 산화　　② 감극 작용　　③ 과도 방전　　④ 설페이션 현상

【해설】
설페이션 현상은 극판의 황산납이 회백색으로 변하고(황산화 현상), 내부 저항이 대단히 증가하며, 충전 시 전해액의 온도상승이 크고, 황산의 비중 상승이 낮으며, 가스 발생이 심하게 된다. 또한 전지의 용량이 감소하며 수명이 단축되는 현상이다.

[답] ④

Chapter 05. 전기화학

적중실전문제

★★★★★

1. 전기분해에 의하여 전극에 석출되는 물질의 양은 전해액을 통과하는 총 전기량에 비례하는 법칙은?
   ① 암페어(Ampere)의 법칙
   ② 패러데이(Faraday)의 법칙
   ③ 톰슨(Thomson)의 법칙
   ④ 줄(Joule)의 법칙

   해설 1
   페러데이의 법칙 : 전기분해에 의하여 전극에 석출되는 물질의 양은 전해액을 통과하는 총 전기량에 비례하고 또 그 물질의 전기화학당량에 비례한다.
   [답] ②

★★★★☆

2. 전기분해에서 패러데이의 법칙은 어느 것에 적합한가?
   (단, $Q[C]$ = 통과한 전기량, K = 물질의 전기화학 당량, $W[g]$ = 석출된 물질의 양, t = 통과시간, I = 전류, $E[V]$ = 전압을 각각 나타낸다.)
   ① $W = K\dfrac{Q}{E}$
   ② $W = \dfrac{1}{R}Q = \dfrac{1}{R}It$
   ③ $W = KQ = KIt$
   ④ $W = KEt$

   해설 2
   패러데이 법칙 : $W = KQ = KIt$ [g]
   [답] ③

★★★☆☆

3. 전기 분해에 의하여 전극에 석출되는 물질의 양은 전해액을 통과하는 총 ①에 비례하고 또 그 물질의 화학 당량에 ②한다. 이것을 ③의 법칙이라 한다. □에 적합한 용어는?
   ① ① 전류량, ② 비례, ③ 쿨롱
   ② ① 전기량, ② 비례, ③ 패러데이
   ③ ① 전류량, ② 반비례, ③ 패러데이
   ④ ① 전기량, ② 반비례, ③ 쿨롱

   해설 3
   패러데이 법칙 :
   전기분해에 의해 석출되는 물질의 양 W은 전해액을 통과하는 총 전기량 Q에 비례하고, 물질의 전기화학당량 K에 비례한다.
   [답] ②

4. 전기 분해 시 전기량이 같을 때 전극에 석출되는 물질의 양은 어느 것에 비례하는가?
   ① 원자량   ② 전류   ③ 시간   ④ 화학 당량

   해설 4
   전기 분해 시 석출되는 물질의 양은 전기량이 같을 때, 화학 당량에 비례한다.

   [답] ④

5. 전해액에서 도전율은 다음 중 어느 것에 의하여 증가하는가?
   ① 전해액의 유효 단면적   ② 전해액의 고유저항
   ③ 전해액의 색깔   ④ 전해액의 농도

   해설 5
   전해액의 농도에 따라 도전율이 변화한다.

   [답] ④

6. 다음 금속 중 이온화 경향이 큰 물질은?
   ① Fe ② Zn ③ K ④ Na

   해설 6
   원자 또는 분자가 이온이 되려고 하는 경향으로, 쉽게 이온화되는 것을 이온화 경향이 크며 산화되기 쉽다고 말한다.
   $Li > K > Ba > Ca > Na > Mg > Al > Zn > Fe$

   [답] ③

7. 기체 또는 액체에 고체의 입자가 분산되어 있을 경우 이에 전압을 가하면 입자가 이동한다. 이러한 현상을 무엇이라 하는가?
   ① 전기 집진   ② 전기 투석
   ③ 전기 영동   ④ 전기 방식

해설 7
전해질 용액에 존재하는 입자에 직류전압을 걸면 정의 입자는 음극으로, 부의 입자는 양극으로 향하여 이동하는 현상을 전기영동이라고 한다.

[답] ③

8. 황산 용액에 양극으로 구리 막대, 음극으로 은 막대를 두고 전기를 통하면 은 막대는 구리색이 난다. 이를 무엇이라고 하는가?
   ① 전기 도금   ② 이온화 현상
   ③ 전기 분해   ④ 분극 작용

해설 8
전기도금은 물질의 표면을 매끄럽게 하고, 쉽게 닳거나 부식되지 않도록 보호한다. 도금할 물체를 음극으로, 덮어씌울 금속을 양극으로 사용한다. 두 전극을 전해질용액에 담그고 직류전원장치를 연결하면 전기도금이 시작된다.

[답] ①

9. 전기 분해로 제조되는 것은?
   ① 암모니아   ② 카바이드   ③ 알루미늄   ④ 철

해설 9
전기 분해의 이용은 금속의 도금, 알루미늄의 제련, 구리의 정제 등이다.

[답] ③

10. 전기집진기는 무엇을 이용한 것인가?
    ① 자기력   ② 전자기력
    ③ 유도기전력   ④ 대전체간의 정전기력

해설 10
전기집진기은 대전체간의 정전기력을 이용한다.

[답] ④

11. 정전현상(Electrostatic phenomena)을 응용한 기구는?
① 전자 클러치　　② 전자 진동기
③ 전기 집진기　　④ 전자 펌프

해설 11
정전현상의 응용은 전기 집진기가 있다.

[답] ③

12. 정전기 응용 설비가 아닌 것은?
① 집진기　② 도장장치　③ 권상기　④ 점멸기

해설 12
권상기는 전동기를 이용하는 장치이다.

[답] ③

13. 확산(diffusion) 현상으로 틀린 것은?
① 기체 입자의 밀도에 차가 있으면 열운동에 의하여 밀도가 작은 쪽에서 큰 쪽으로 입자가 이동하는 현상이다.
② 온도가 높을수록 확산이 용이하다.
③ 입자 상호간의 충돌 빈도가 클수록 확산이 어렵다.
④ 열평형이란 드리프트와 확산 작용이 동시에 발생하는 경우이다.

해설 13
확산은 밀도가 큰 쪽에서 작은 쪽으로 입자가 이동하는 현상이다.

[답] ①

14. 원형과 똑같은 모양의 복제품을 만들며 공예품의 복제, 활자 인쇄용 원판 등에 사용되는 것은?
   ① 전기야금(electrometallurgy)
   ② 전해연마(electrolytic polishing)
   ③ 전기도금(electroplating)
   ④ 전주(galvanoplastics)

   해설 14
   - 전주는 전기도금을 이용한 주조이며, 도금을 두껍게 하여 원형(原型)과 똑같은 모양의 것을 복제하는 방법이다.
   - 금속활자, 레코드원판 등의 제작에 이용한다.

   [답] ④

15. 전기도금에 사용되는 전원 장치로 적합한 것은?
   ① 건전지
   ② 유도 발전기
   ③ 교류 발전기
   ④ 셀렌 정류기

   해설 15
   전기도금의 전원 장치는 셀렌 정류기이다.

   [답] ④

16. 전기화학에서 양이온이 되는 것은?
   ① H_2
   ② SO_4
   ③ NO_3
   ④ OH

   해설 16
   양이온이 되는 것은 수소, 금속 등이다.

   [답] ①

17. 고온도에 의한 환원으로 얻어진 조금속 또는 정제금속을 주입한 것을 양극으로 하고 목적 금속과 동일한 금속염을 함유한 수용액을 전해액으로서 전해하여 순도가 높은 금속을 얻는 방법은?

① 전해정제 ② 전해채취 ③ 전기도금 ④ 전해연마

해설 17
전해정련(전해정제)은 전기분해를 이용하여 금속의 순도를 높이는 방법으로 순도가 낮은 금속을 양극으로 하고 전해액에 넣어 전류를 흘리면 음극에 순수한 금속이 석출되고 불순물은 전해조 아래에 쌓인다.

[답] ①

18. 전해 정련 방법에 의하여 구하는 것은?

① 망간 ② 납 ③ 철 ④ 구리

해설 18
전해 정련법을 이용하는 금속은 구리, 은, 주석 등이다.

[답] ④

19. 식염을 전기분해할 때 양극에서 발생하는 가스는?

① 산소 ② 수소 ③ 질소 ④ 염소

해설 19
식염을 전기 분해하면 양(+)극에서 염소가 발생한다.

[답] ④

20. 물을 전기분해하면 음극에서 발생하는 기체는?

① 산소 ② 수소 ③ 질소 ④ 이산화탄소

해설 20
음(-)극에서의 반응은 산화반응으로 수소기체가 발생하고, 양(+)극에서의 반응은 환원반응으로 산소기체가 발생한다.

[답] ②

★★★★★

21. 물을 전기분해할 때 가성소다와 가성칼리를 20[%] 정도 첨가하는 이유는?

① 물의 도전율을 높이기 위해
② 수소와 산소가 혼합되는 것을 막기 위해
③ 전극의 손상을 막기 위해
④ 열의 발생을 줄이기 위해

해설 21

물은 도전율이 낮아 전기분해하기 위해서는 전해질을 넣어줘야 하므로 20[%] 정도의 가성소다(수산화나트륨 NaOH)와 가성칼리(수산화칼륨 KOH)를 사용하여 도전율을 높여 준다. 음(-)극에서 산화반응으로 수소기체가 발생하고, 양(+)극에서 환원반응으로 산소기체가 발생한다.

[답] ①

★★★★★

22. 물을 전기분해할 때 도전율을 높이기 위해 20[%] 정도 첨가하는 용액은?

① 가성소다와 황산
② 가성소다와 가성칼리
③ 가성칼리와 황산
④ 가성칼리와 인산나트륨

해설 22

도전율을 높이기 위해 가성소다와 가성칼리를 20[%] 정도 첨가한다.

[답] ②

★★★

23. 전지에서 휴대용 라디오, 손전등, 완구, 시계 등 매우 광범위하게 이용되고 있는 전지는?

① mangandry cell
② air cell
③ mercury cell
④ solar cell

해설 23

망간 건전지는 가격이 저렴하여 일반적으로 많이 사용하는 1차 전지이다.

[답] ①

★★★★★

24. 전지에는 1, 2차 전지가 있다. 2차 전지는?
    ① 알칼리 축전지 ② 망간 건전지
    ③ 수은 전지   ④ 리튬 전지

    해설 24
    • 1차 전지 : 망간전지(보통전지), 공기전지
    • 2차 전지 : 연축전지, 알칼리 축전지
    • 물리전지
    • 표준전지

    [답] ①

★★★★★

25. 2차 전지에 속하는 것은?
    ① 공기전지   ② 망간전지   ③ 수은전지   ④ 연축전지

    해설 25
    연축전지는 2차 전지다.

    [답] ④

★★★★

26. 축전지를 사용할 때 극판이 휘고, 내부 저항이 대단히 커져서 용량이 감퇴되는 원인은?
    ① 전지의 황산화   ② 과도방전
    ③ 전해액의 농도   ④ 감극작용

    해설 26
    축전지를 사용할 때 극판이 휘고, 내부 저항이 대단히 커져서 용량이 감퇴되는 원인은 전지의 황산화이다.

    [답] ①

27. 충분히 방전했을 때 양극판의 빛깔은 무슨 색인가?

① 황색　　　② 청색　　　③ 적갈색　　　④ 회백색

해설 27

충분히 방전을 하면 양극판은 회백색이다.

[답] ④

28. 전지에서 자체 방전현상이 일어나는 것은 다음 중 어느 것과 가장 관련이 있는가?

① 전해액 농도　　② 전해액 온도
③ 이온화 경향　　④ 불순물 혼합

해설 28

국부작용은 전지의 극판은 전해액 등에 불순금속이 있으면 이것이 음극면에 부착하여 납과의 사이에 국부전지를 구성하고 국부적 방전전류를 발생하여 극판의 용량을 소모한다. 국부작용 방지를 위하여 전극에 수은도금을 한다.

[답] ④

29. 납축전지가 충방전할 때의 화학 방정식은?

① $Pb + 2H_2SO_4 + Pb \rightleftharpoons PbSO_4 + 2H_2 + PbSO_4$
② $2PbO + 3H_2SO_4 + Pb \rightleftharpoons 2PbSO_4 + 2H_2O + H_2 + PbSO_4$
③ $PbO_2 + 2H_2SO_4 + Pb \rightleftharpoons PbSO_4 + 2H_2O + PbSO_4$
④ $2PbO_2 + 4H_2SO_4 + 2PbO \rightleftharpoons 3PbSO_4 + 4H_2O + O_2 + PbSO_4$

해설 29

$PbO_2 + 2H_2SO_4 + Pb \underset{방전}{\overset{충전}{\rightleftharpoons}} PbSO_4 + 2H_2O + PbSO_4$

[답] ③

30. 충전 시 납 축전지의 양극 재료는?

① $Pb(OH)_2$　　② Pb　　③ $PbSO_4$　　④ PbO_2

해설 30
양극재료 충전 시에 PbO_2, 방전 시에는 $PbSO_4$이다.

[답] ④

31. 납축전지의 충전 후의 비중은?

① 1.18 이하　　② 1.2 ~ 1.3
③ 1.4 ~ 1.5　　④ 1.5 ~ 1.8

해설 31
납축전지의 충전 후 비중은 1.2 ~ 1.3이다.

[답] ②

32. 납축전지의 공칭전압은 몇 [V]인가?

① 2.0　　② 1.8　　③ 1.5　　④ 1.2

해설 32
연축전지 : 2[V/cell]
알칼리축전지 : 1.2[V/cell]

[답] ①

33. 알칼리 축전지의 공칭용량은 얼마인가?

① 2[Ah]　　② 4[Ah]　　③ 5[Ah]　　④ 10[Ah]

해설 33
연축전지 : 10[Ah]
알칼리축전지 : 5[Ah]

[답] ③

★★★★★

34. 페이스트식 연축전지의 설명 중 옳지 못한 것은?
　① 고율 방전이 뛰어나다.
　② 국내에서 생산 가능하며 가격이 저렴하여 경제적이다.
　③ 수명이 약간 짧다.
　④ 공칭 전압은 2[V]와 1.2[V] 두 종류가 있다.

> **해설 34**
> 연축전지 : 2[V/cell]
> 알칼리축전지 : 1.2[V/cell]

[답] ④

★★★★★

35. 다음 납 축전지에 대한 설명 중 잘못된 것은?
　① 납 축전지의 전해액의 비중은 1.2 정도이다.
　② 납 축전지의 격리판은 양극과 음극의 단락 보호용이다.
　③ 전지의 내부저항은 클수록 좋다.
　④ 전지용량은 [Ah]로 표시하며 10시간 방전율을 많이 쓴다.

> **해설 35**
> 내부저항이 크면 자기방전이 커지므로 좋지 않다.

[답] ③

★★★★★

36. 축전지에서 10시간 방전율이라 하면 일정한 전류로 몇 시간 후 방전 종지 전압에 도달하는가?
　① 5　　　② 10　　　③ 15　　　④ 20

> **해설 36**
> 10시간 방전율일 때 10시간 후 방전 종지 전압에 도달한다.

[답] ②

37. 알칼리 축전지의 특징 중 잘못된 것은?
① 전지의 수명이 길다.
② 광범위한 온도에서 동작하고 특히 고온에서 특성이 좋다.
③ 구조상 운반진동에 견딜 수 있다.
④ 급격한 충·방전, 높은 방전율에 견디며 용량이 감소되어도 사용불능이 되지 않는다.

해설 37
알칼리 축전지는 저온에서의 특징이 좋다.
[답] ②

38. 알칼리 축전지의 특징이 아닌 것은?
① 전지의 수명이 납 축전지보다 길다.
② 진동 충격에 강하다.
③ 급격한 충·방전 및 높은 방전율에 견디기 어렵다.
④ 효율이 납축전지에 비해 다소 떨어진다.

해설 38
급격한 충·방전 및 높은 방전율에 잘 견딘다.
[답] ③

39. 알칼리 축전지의 특징이 아닌 것은?
① 극판의 기계적 강도가 강하다.
② 과방전, 과전류에 대해 강하다.
③ 저온특성이 좋다.
④ 전해액의 비중에 의해 충·방전 상태를 추정할 수 있다.

해설 39
알칼리 축전지의 장점
• 납축전지보다 수명이 길다.
• 기계적 강도가 강하고, 운반진동에 견딜 수 있다.
• 광범위한 온도에서 동작하고 저온특성이 좋다.
• 급격한 충·방전에 견디며, 다소용량이 감소되어도 사용불능이 되지 않는다.
[답] ④

40. 알칼리 축전지의 양극에 쓰이는 것은?

① 납 ② 철 ③ 카드뮴 ④ 산화니켈

해설 40

알칼리 축전지
- 융그너전지 : 양극-수산화니켈, 음극-카드뮴, 전해액-수산화칼륨(KOH)
- 에디슨전지 : 양극-수산화니켈, 음극-철, 전해액-수산화칼륨(KOH)

[답] ④

41. 알칼리 축전지의 전해액은?

① KOH ② PbO_2 ③ H_sSO_4 ④ $NiOOH$

해설 41

알칼리 축전지의 전해액은 KOH(수산화칼륨)이다.

[답] ①

42. 알칼리 축전지에서 포켓식 형식이 아닌 것은?

① AL형 ② AM형 ③ AMH형 ④ AHH형

해설 42

- 소결식 : AH형, AHH형, AH-S형
- 포켓식 : AL형, AM형, AMH형

[답] ④

43. 알칼리 축전지에서 소결식에 해당하는 초급방전형은?

① AM형 ② AMH형 ③ AL형 ④ AH-S형

해설 43

AMH : 고율방전용 급방전형
AH-S : 고율방전용 초급방전형
AHH : 초고율방전용 초초급방전형

[답] ④

Chapter 05. 전기화학

44. 초급방전형(고율방전용) 축전지는?

① AMH형　　　② AHH형　　　③ AL형　　　④ AH-S형

> **해설 44**
> AMH : 고율방전용 급방전형
> AH-S : 고율방전용 초급방전형
> AHH : 초고율방전용 초초급방전형
> [답] ④

45. 납 축전지에서 충전 중 비중이 낮고 전압은 높다. 방전 중 전압은 낮고 용량이 감퇴된다. 이와 같은 현상의 추정 원인이 아닌 것은?

① 방전상태에서 장기간 방치
② 충전부족의 상태에서 장기간 사용
③ 불순물의 혼입
④ 과충전

> **해설 45**
> 납 축전지에서 충전 중 비중이 낮고 전압은 높다. 방전 중 전압은 낮고 용량이 감소한다. 원인은 방전상태에서 장기간 방치, 충전부족의 상태에 장시간 사용, 불순물의 혼입 등이다.
> [답] ④

46. 공기 전지의 특징이 아닌 것은?

① 방전 시에 전압변동이 적다.
② 온도차에 의한 전압변동이 적다.
③ 사용 중의 자기방전이 크고 오랫동안 보존할 수 없다.
④ 내열, 내한, 내습성을 가지고 있다.

> **해설 46**
> 공기전지의 특징은 다음과 같다.
> • 사용 중의 자기방전이 적고 오래 보존할 수 있다.
> • 방전 시 전압변동이 작다.
> • 온도차에 따른 전압변동이 작다.
> • 내열, 내한, 내습성을 가지고 있다.
> [답] ③

47. 자체방전이 적고 오래 저장할 수 있으며 사용 중에 전압변동률이 비교적 적은 것은?

① 보통 건전지　　② 공기 건전지
③ 내한 건전지　　④ 적층 건전지

해설 47
사용 중의 자기방전이 적고 오래 보존할 수 있다.

[답] ②

48. 표준 전지로서 현재에 사용되고 있는 것은?

① 다니엘 전지　　② 클라크 전지
③ 카드뮴 전지　　④ 태양열 전지

해설 48
표준 전지 : 전위차를 측정할 때 표준으로 사용하는 전지로 장시간 전류를 흘렸을 때 기압이나 온도 변화에 의해 기전력의 크기가 변화하지 않는 특성이 있어야 한다.
• 카드뮴 전지(웨스턴 전지) : 현재 사용되고 있음
• 클라크 전지 : 사용하지 않음

[답] ③

49. 표준전지로서 현재에 사용되고 있는 것은?

① 공기 전지　　② 웨스턴 전지
③ 적층 전지　　④ 다니엘 전지

해설 49
웨스턴 전지를 표준전지로 사용하고 있다.

[답] ②

50. 전지의 분류에서 물리 전지에 해당되는 것은?
   ① 연료 전지
   ② 리튬 1차 전지
   ③ 광 전지
   ④ 고체 전해질 전지

   해설 50
   물리전지 : 태양전지, 열전지, 원자력전지, 광전지
   [답] ③

51. 다음 전지 중 물리 전지에 속하는 것은?
   ① 열전지   ② 수은전지   ③ 산화은전지   ④ 연료전지

   해설 51
   물리전지 : 태양전지, 열전지, 원자력전지, 광전지
   [답] ①

52. 대표적인 물리전지로서 반도체 p-n 접합을 이용하여 광전효과에 의해 태양광 에너지를 직접 전기에너지로 전환하는 전지는?
   ① 열전지
   ② 태양전지
   ③ 리튬전지
   ④ 반도체 접합형 원자력전지

   해설 52
   물리전지 : 물리적 에너지를 전기에너지로 변환하는 장치로 태양전지, 원자력전지, 열전지, 광전지가 있다.
   [답] ②

53. 태양전지에 이용되는 효과는?
   ① 광전자 방출 효과
   ② 광기전력 효과
   ③ 핀치 효과
   ④ 펠티어 효과

   해설 53
   반도체 p-n 접합을 이용하여 광전효과에 의해 태양광 에너지를 직접 전기에너지로 전환하는 전지
   [답] ②

54. 니켈-카드뮴(Ni-cd) 축전지에 대한 설명으로 틀린 것은?
① 1차 전지이다.
② 전해액으로 수산화칼륨이 사용된다.
③ 양극판에 수산화니켈, 음극에 카드뮴이 사용된다.
④ 탄광의 안전등 및 조명등용으로 사용된다.

해설 54
니켈-카드뮴 축전지는 2차 전지이다.

[답] ①

55. 전지의 국부 작용을 방지하는 방법은?
① 감극제
② 완전 밀폐
③ 니켈 도금
④ 수은 도금

해설 55
국부작용방지를 위하여 전극에 수은도금을 한다.

[답] ④

56. 일정한 전압을 가진 전지에 부하를 걸면 단자전압이 저하한다. 그 원인은 다음 중 어느 것인가?
① 이온화 경향
② 분극 작용
③ 전해액의 변색
④ 주위 온도

해설 56
분극작용은 전지에서 전류가 흐르면 (+)극에서 수소 기체가 발생하고, 이 수소 기체가 환원 반응이 일어나는 것을 막아 전류의 흐름을 방해해 전압이 떨어지는 현상이다. 감극제의 분극작용은 기전력을 저하시키므로, 양극을 수소와 결합하기 쉬운 산화물로 씌워 수소를 물로 만드는데 이를 감극제라 한다.

[답] ②

57. 전지에서 분극 작용에 의한 전압 강하를 방지하기 위하여 사용되는 감극제는?

① H_2O　　② H_2SO_4　　③ $CdSO_4$　　④ MnO_2

해설 57

전지	감극제
망간(보통)전지	MnO_2
공기전지	O_2
수은전지	HgO
표준전지	Hg_2SO_4

[답] ④

58. 보통건전지에서 분극작용에 의한 전압강하를 방지하기 위하여 사용되는 감극제는?

① 산화수은　　② 이산화망간　　③ 공기　　④ 중크롬산

해설 58

전압강하를 방지하기 위하여 이산화망간을 사용한다.

[답] ②

59. 축전지의 충전 방식 중 전지의 자기 방전을 보충함과 동시에 상용 부하에 대한 전력 공급은 충전지가 부담하도록 하되, 충전지가 부담하기 어려운 일시적인 대전류 부하는 축전지로 하여금 부담케 하는 충전 방식은?

① 보통 충전　　② 과부하 충전
③ 세류 충전　　④ 부동 충전

해설 59

부동 충전의 설명이다.

[답] ④

60. 축전지의 충전방식에서 축전지에 전해액을 넣지 않은 미충전 축전지에 전해액을 주입하여 행하는 충전방식은?
① 보통충전　　　　　　② 세류충전
③ 부동충전　　　　　　④ 초기충전

해설 60
미충전 축전지에 초기 충전을 하는 방법이다.

[답] ④

MEMO

Chapter 06

전기철도

01. 선로

02. 급전설비

03. 차량과 열차의 운전

● 적중실전문제

Chapter 06 전기철도

01 선로

1) 궤도의 3요소
   (1) 궤조(레일)는 탄소함유량이 1.3~3[%]인 고탄소강을 사용한다.
   (2) 침목
      ① 레일의 간격을 일정하게 유지
      ② 차량의 하중을 분산
      ③ 복진지-레일이 열차의 진행방향으로 이동함을 막는 것
   (3) 도상 : 배수를 원활하게 하고 소음을 경감한다.

2) 궤간 : 레일과 레일 사이간격
   (1) 표준궤간 : 1435[mm] 현재 우리나라에서 사용
   (2) 협궤 : 표준보다 좁은 것, 1000[mm], 1067[mm]
   (3) 광궤 : 표준보다 넓은 것, 1500[mm], 1675[mm]

3) 유간
   레일이 온도변화에 따라 신축하므로 레일의 이음장소에 적당한 간격을 두는 것으로 10[mm]정도이다.

4) 고도(cant 캔트)
   레일의 곡선부근에서 원심력을 줄여주기 위해 곡선 바깥쪽 레일을 안쪽레일보다 높게 해주는 것으로 운전의 안정성을 확보하기 위해 고도의 최대한을 둔다.

   $$캔트\ C = \frac{GV^2}{127R}[\text{mm}]$$

   여기서, G : 궤간[mm], V : 열차속도[km/h], R : 곡선 반지름[m]

5) 확도(slack : 슬랙)
   차량이 곡선부를 주행시 바퀴와 레일 사이의 마찰을 줄이기 위해 안쪽레일의 궤간을 넓히는 정도이다.

   $$슬랙\ S = \frac{l^2}{8R}[\text{mm}]$$

   여기서, l : 고정 차축거리[m], R : 곡선 반지름[m]

6) 구배(경사)

두 지점 사이의 높이차를 수평거리로 나눈 값이다.

예를 들어 수평거리 1000[m]의 높이차가 20[m]일 경우

구배는 $\frac{20}{1000}$=20[‰](퍼밀) 또는 $\frac{1}{50}$로 나타낸다.

7) 궤도의 곡선

(1) 종곡선(vertical curve) : 수평궤도에서 경사궤도로 변하는 부분에서 구배의 급격한 변화 없이 부드럽게 이어질 수 있도록 연속된 곡선이다.

(2) 완화곡선(transition curve) : 직선궤도에서 곡선궤도로 변하는 부분에 곡선을 삽입하여 열차운행의 급격한 변화를 완화시킬 수 있다.

8) 선로의 분기 : 차량의 진행 방향이 분기되는 곳(분기개소)

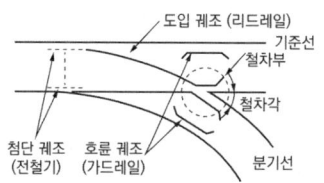

〈선로의 분기개소〉

(1) 도입궤조(리드레일) : 전철기와 철차 사이를 연결하는 곡선궤조
(2) 호륜궤조(가드레일) : 차륜의 탈선을 막기 위해 분기 반대쪽 레일에 설치한 보조레일
(3) 철차 : 레일이 분기되는 부분
(4) 철차각 : 분기되는 각도
(5) 철차번호 : $N = \frac{1}{2} \cot \frac{\theta}{2}$로 나타내며, N이 작을수록 분기하는 각도가 커진다.

9) 복진지 : 궤도가 열차의 진행방향으로 이동함을 막는 것(침목의 역할)

예제 1

우리나라에서 운행되고 있는 전기철도의 궤간[mm]은?
① 1067　　② 1372　　③ 1435　　④ 1524

【해설】
우리나라에서는 표준궤간 1435[mm]를 사용한다.

[답] ③

> **예제 2**
> 전기철도에서 궤도(track)의 3요소가 아닌 것은?
> ① 궤조　　　② 침목　　　③ 도상　　　④ 구배
> 【해설】
> 궤도(track)의 3요소 : 레일(궤조), 침목, 도상
> [답] ④

02 급전설비

1) 전차선로

　차량에 있는 집전장치와 접촉하여 전력을 공급받도록 하는 가선설비 등을 말한다.

　(1) 가공단선식 : 트롤리선(전차선)과 레일(귀선)
　(2) 가공복선식 : 트롤리선 2본
　(3) 제 3궤조식
　　① 가공이 아닌 레일식이므로 높이가 낮다.
　　② 소형, 저전압 단거리용
　　③ 유희용 전차 등에 사용한다.
　　④ 집전장치의 고유저항이 구리의 약 7배이다.
　(4) 강체복선식 : 모노레일 등에 주로 사용되고 있는 방식

> **예제 3**
> 모노레일 등에 주로 사용되고 있는 전차선로의 가선형태는 무엇인가?
> ① 제 3궤조식　② 가공복선식　③ 가공단선식　④ 강체복선식
> 【해설】
> 급전선과 귀선이 모두 강체로 만들어져 모노레일에 접속되어 있다.
> [답] ④

2) 급전장치

전원으로부터 전기차에 안정된 전기를 공급해주기 위한 설비이다.

교류급전방식은 단상으로 1선은 급전선, 다른 한선은 레일을 사용하는데 레일은 절연이 되어있지 않기 때문에 귀선전류의 일부가 대지로 누설되어 전식이나 감전의 위험이 있다.

(1) 직접급전식

가장 간단한 급전회로로 전차선로 구성은 전차선과 레일로 되어 있다.
① 전차선로의 구성이 간단하여 보수와 고장점 발견이 용이하다.
② 전기차 귀선전류가 레일에 흐르므로 누설전류에 의한 통신유도장애가 크다.

(2) 흡상변압기(BT : Booster Transformer)
① 1, 2차 권수비가 1:1인 변압기와 부급전선을 설치하여 레일에 흐르는 귀선 전류를 강제로 부급전선으로 흡상하여 누설전류를 없애고, 유도장애를 방지할 수 있다.
② 흡상변압기는 4km마다 설치한다.

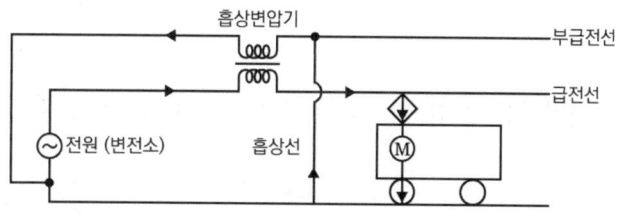

〈흡상변압기 회로도〉

(3) 단권변압기(AT : Auto Transformer)

단권변압기 권선을 트롤리선과 급전선에 병렬접속하고, 권선의 중성점을 레일에 접속하는 방식이다.
① 단권변압기의 설치 간격은 약 10[km]이다.
② 유지관리가 간단하다.
③ 급전전압을 전차선전압보다 2배로 하므로 대전력의 공급이 가능하다.
④ 귀선전류가 좌우의 AT에 흡상되므로 통신선에 대한 유도장애 경감 효과가 크다.

특히 전기철도는 단상 교류식에서 전압 불평형을 감소시키기 위해 주변압기를 스코트 결선(T결선)한다.

> **예제 4**
>
> 전기철도에서 교류 급전 방식이 아닌 것은?
> ① 직접 급전 방식　　② 주변압기 방식
> ③ 흡상 변압기 방식　　④ 단권 변압기 방식
> 【해설】
> 교류 급전 방식
> • 직접급전식
> • 흡상변압기(BT : Booster Transformer)
> • 단권변압기(AT : Auto Transformer)
>
> [답] ②

3) 전차선과 집전장치

(1) 전차선

전차선은 전철용변전소에서 공급된 전력을 차량의 집전장치에 보내주는 역할을 한다.

(2) 전차선의 가선(조가)방식

① 직접 가선식

트롤리선을 직접 가선하는 방식으로 이도, 이선률, 마모가 크다.

〈직접 가선식〉

② 단식 커티너리식

조가용선에 행거를 사용하므로 지지물의 경간이 길어져도 이도가 크게 발생하지 않으며 수평이 유지된다. 110[km/h]정도의 중속도용으로 지상전철구간의 대표적인 방식이다.

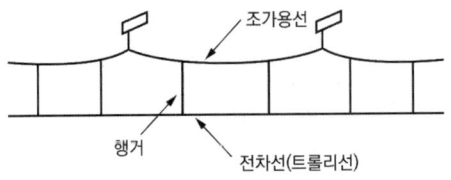

〈단식 커티너리식〉

③ 복식 커티너리식
조가용선을 2중으로 사용하므로 단식 커티너리식보다 더 수평이 되어 160[km/h]정도의 고속도운전에 적당하다.

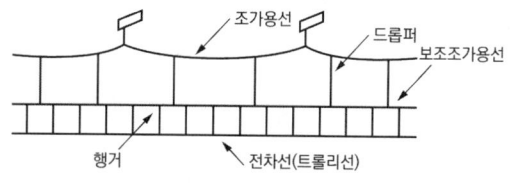

〈복식 커티너리식〉

④ 강체조가식
강체에 트롤리선을 접속하여 터널 천장에 고정시키는 방식으로 단선의 우려가 없고 터널이 낮아지므로 도시지하철 구간의 대표적인 방식이다.

(3) 집전장치 : 전류를 공급 받는 장치
① 팬터그래프

- 현재 우리나라에서 사용하는 집전장치
- 고속도, 고전압, 대용량
- 습동(마찰)판 압력 : 5~11[kg]

② 트롤리봉

- 시가지 노면전차
- 저속도, 저전압, 저용량
- 전차선 접촉압력 : 7~11[kg]

③ 뷔겔

- 저속도, 저전압, 저용량
- 전차선 접촉압력 : 5.5[kg]

(4) 전차선의 마모방지 방법
① 팬터그래프의 집전판을 개량한다.
② 전차선은 단단한 합금재질을 사용한다.
③ 집전전류를 일정하게 유지한다.

(5) 이선률

열차가 주행 중에 트롤리선과 집전장치가 떨어지는 시간비율

$$이선률 = \frac{이선시간}{실운전시간} \times 100[\%]$$

- 소이선 : 미세한 진동으로 수십분의 1초간 발생
- 중이선 : 팬터그래프가 경점 등의 충격에 따라 불연속으로 수분의 1초간 발생
- 대이선 : 경성점 또는 연성점에 의하여 1~2초간 발생

예제 5

전기철도에서 집전장치인 팬터그래프(pantagraph)의 습동판의 압력은 대략 몇 [kg] 정도인가?
① 1~5   ② 5~11   ③ 20~25   ④ 30~35

【해설】
팬터그래프
- 현재 우리나라에서 사용하는 방식
- 고속도, 고전압, 대용량
- 습동(마찰)판 압력 : 5~11[kg]

[답] ②

4) 전식

레일을 흐르는 귀선전류가 레일의 저항이 높은 곳에서 대지로 누설되어 지중관로를 따라 흐르다가 변전소 부근의 유출점 부분의 지중관로를 부식시키는 현상이다.

(1) 전철측의 전식방지
① 보조귀선을 설치한다.
② 레일본드를 설치하여 귀선저항을 작게 한다.(누설전류 감소)
③ 귀선을 부(-)극성으로 한다.
④ 귀선의 극성을 정기적으로 바꾼다.
⑤ 변전소의 간격을 줄여 전압강하를 작게 한다.

(2) 지중관로측의 전식방지

- 배류법 : 매설관과 레일을 전기적으로 접속하여 배류기
  (강제배류기, 선택배류기)를 설치한다.
- 매설관 표면을 절연한다.
- 저전위 금속판을 설치한다.

예제 6
전철에서 전식방지방법 중 전철측 시설이 아닌 것은?
① 레일에 본드를 시설한다.
② 레일을 따라 보조귀선을 설치한다.
③ 변전소간 간격을 짧게 한다.
④ 매설관의 표면을 절연한다.
【해설】
매설관 절연은 지중관로측 시설이다.

[답] ④

5) 보안설비
  (1) 폐색장치
      열차의 충돌을 방지하기 위하여 일정구간 안에 두 열차가 동시에 진입하지 못하도록 하여 열차간의 일정한 간격을 확보하기 위한 설비
  (2) 임피던스본드
      폐색 구간의 경계를 귀선 전류는 흐르게 하고, 신호전류는 흐르지 못하게 하는 장치
  (3) 레일본드
      유간부분을 전기적으로 접속하는 장치
  (4) 크로스본드
      귀선전류가 흐르는 양쪽레일을 연결하여 등전위로 하기 위한 장치

예제 7
열차의 충돌을 방지하기 위하여 열차간의 일정한 간격을 확보하기 위한 설비는?
① 폐색장치   ② 연동장치   ③ 전철장치   ④ 제동장치
【해설】
폐색장치 : 열차의 충돌을 방지하기 위하여 일정구간 안에 두 열차가 동시에 진입하지 못하도록 하여 열차간의 일정한 간격을 확보하기 위한 설비

[답] ①

03 차량과 열차의 운전

1) 차량의 구분
  (1) 전기기관차 : 전동기가 있으며, 부수차를 견인한다.
  (2) 전동차 : 전동기가 있으며, 승객이나 화물을 실을 수 있다.
  (3) 제어차 : 전동기가 없으며, 운전실과 제어기가 있다.
  (4) 부수차 : 전동기, 제어기가 없는 차량

2) 운전속도
  (1) 평균속도 : 주행한 거리를 정차시간을 제외한 순주행시간으로 나눈 속도
  $$평균속도 = \frac{주행거리}{순주행시간}$$
  (2) 표정속도 : 주행한 거리를 도중에 정차한 시간을 포함한 총 운행시간으로 나눈 속도
  $$표정속도 = \frac{주행거리}{순주행시간 + 정차시간}$$

3) 주행저항 종류
  (1) 출발저항 : 열차가 정지 상태에서 출발할 때의 저항
  (2) 주행저항 : 평탄한 직선로를 주행할 때의 저항
  (3) 곡선저항 : 곡선구간 주행 시 원심력에 의한 저항이며 곡선반지름에 반비례한다.
  (4) 구배저항(경사저항) : 경사를 올라갈 때 중력에 의해 발생하는 저항
  (5) 가속저항 : 전동차를 가속할 때 발생하는 저항

예제 8

열차 저항의 분류에 들어가지 않는 것은?
① 복선저항   ② 주행저항   ③ 가속저항   ④ 곡선저항

【해설】
복선은 열차의 저항으로 작용하지 않는다.
• 출발저항 : 열차 기동시의 저항
• 주행저항 : 평탄한 직선로를 주행할 때의 저항
• 곡선저항 : 곡선구간 주행 시 원심력에 의한 저항이며 곡선반지름에 반비례한다.
• 구배저항(경사저항) : 경사를 올라갈 때 중력에 의해 발생하는 저항
• 가속저항 : 전동차를 가속할 때 발생하는 저항

[답] ①

4) 견인력

(1) 경사를 올라갈 때 필요한 열차의 견인력

$$F = 1000gW[\text{kg}]$$

여기서, g : 구배 또는 경사[‰], W : 열차중량[t]

(2) 열차에 가속도를 주는 데 필요한 힘

$$F = 31aW[\text{kg}]$$

여기서, a : 가속도[km/h/s], W : 열차중량[t]

(3) 동륜상의 중량이 주어질 때의 견인력

$$F = 1000\mu W[\text{kg}]$$

여기서, μ : 점착계수, W : 동륜상의 중량[t]

예제 9

30[t]의 전차가 30/1000의 구배를 올라가는 데 필요한 견인력[kg]은? (단, 열차 저항은 무시한다.)

① 90 ② 100 ③ 900 ④ 9000

【해설】

$F = 1000gW = 1000 \times \dfrac{30}{1000} \times 30 = 900[\text{kg}]$

g : 구배 또는 경사[‰], W : 열차중량[t]

[답] ③

---

5) 전차용 전동기

(1) 전동기용량

$$P = \frac{FV}{367\eta}[\text{kW}]$$

여기서, F : 열차견인력[kg], V : 열차운전속도[km/h], η : 효율

(2) 주전동기 : 전철용 전동기는 특성상 직류 직권전동기를 사용하였으나 최근에는 동기전동기 및 유도전동기가 주류이다.

(3) 직류전동기 속도제어법
① 계자제어
② 저항제어 : 직·병렬제어와 병용한다.

③ 직·병렬제어(전압제어)
  - 2배수의 전동기를 직렬 또는 병렬로 접속하면서 전압을 조정하여 속도를 제어하는 방법
  - 효율을 개선할 수 있다.
  - 저항제어와 병용한다.
④ 초퍼제어 : 고전압 대용량으로 근래 많이 사용한다.
⑤ 메타다인제어 : 직류 정전류 제어

(4) 교류전동기 속도제어
  ① 탭절환 제어
  ② 위상제어

(5) 전차용 전동기에는 보극을 설치하여 역회전을 방지한다.

(6) 제동법
  ① 발전제동
    전동기를 전원에서 차단하는 동시에 회전하고 있는 전동기를 발전기로 동작시켜 발생된 전력을 외부 저항에서 열로 소비하여 제동하는 방식
  ② 회생제동
    전동기를 전원에 접속한 상태에서 역기전력을 전원 전압보다 높게 하여 발생된 전력을 전원 측에 반환하는 방식

예제 10

전기차의 속도제어방식 중 VVVF 제어법은 무엇인가?
① 주파수와 전압을 동시에 제어하는 방법이다.
② 주파수를 고정하는 전압만 제어하는 방식이다.
③ 전압을 고정하고 주파수만 제어하는 방식이다.
④ 초퍼제어 방식이다.

【해설】
가변전압, 가변주파수제어로 전압과 주파수를 동시에 제어한다.

[답] ①

Chapter 06. 전기철도

적중실전문제

1. 우리나라에서 운행되고 있는 전기철도의 궤간[mm]은?

① 1067 ② 1372 ③ 1435 ④ 1524

해설 1
우리나라에서는 표준궤간 1435[mm]를 사용한다.

[답] ③

2. 전기철도에서 궤도(track)의 3요소가 아닌 것은?

① 궤조 ② 침목 ③ 도상 ④ 구배

해설 2
궤도(track)의 3요소 : 레일(궤조), 침목, 도상

[답] ④

3. 곡선부에서 원심력 때문에 차체가 외측으로 넘어지려는 것을 막기 위하여 외측 궤조를 약간 높여 준다. 이 내외 궤조 높이의 차를 무엇이라고 하는가?

① 가이드 레일 ② 슬랙 ③ 고도 ④ 확도

해설 3
고도(캔트) : 레일의 곡선부근에서 원심력을 줄여주기 위해 곡선 바깥쪽 레일을 안쪽레일보다 높게 해주는 것

[답] ③

4. 곡선궤도에 있어 고도의 최대한을 두는 이유는?

① 시설이 곤란하다.
② 운전속도를 제한하기 위하여
③ 운전의 안전을 확보하기 위하여
④ 타고 있는 사람의 기분을 좋게 하기 위하여

해설 4
운전의 안정성을 확보하기 위해 고도의 최대한을 둔다.

[답] ③

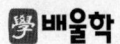

5. 궤간 G[mm], 반지름 R[m]의 곡선궤도를 V[km/h] 속력으로 전차를 주행할 때의 고도(cant)는 몇[mm]인가?

① $\dfrac{GV}{102R}$ ② $\dfrac{GV^2}{102R}$ ③ $\dfrac{GV}{127R}$ ④ $\dfrac{GV^2}{127R}$

해설 5
$h = \dfrac{GV^2}{127R}$[mm] G : 궤간[mm], V : 열차속도[km/h], R : 곡선반지름[m]

[답] ④

6. 시속 35[km/h]의 열차가 반경 1000[m]의 곡선궤도를 주행할 때 고도(cant)는 몇[mm]인가? (단, 궤간은 1067[m]이다.)

① 약 10.3 ② 약 13.4 ③ 약 15.4 ④ 약 18.0

해설 6
$h = \dfrac{GV^2}{127R} = \dfrac{1067 \times 35^2}{127 \times 1000} = 10.3$[mm]

[답] ①

7. 궤도의 곡선부분에서 고도를 갖지 못하는 곳은?
① 철차가 있는 곳 ② 교량의 부분
③ 건널목 ④ 터널 내

해설 7
철차가 있는 곳은 선로가 분기되는 곳이므로 고도를 주어서는 안 된다.

[답] ①

8. 고도가 20[mm]이고 반지름이 800[m]인 곡선 궤도를 주행할 때 열차가 낼 수 있는 최대 속도[km/h]는 약 얼마인가? (단, 궤간은 1067[mm]이다.)
   ① 34.94   ② 38.94   ③ 43.64   ④ 83.64

해설 8

$h = \dfrac{GV^2}{127R}$ 에서 $V = \sqrt{\dfrac{h \times 127R}{G}} = \sqrt{\dfrac{20 \times 127 \times 800}{1067}} = 43.64 \text{[km/h]}$

[답] ③

9. 온도 변화에 따른 레일의 신축에 대비하여 연결부에 두는 틈새 여유를 무엇이라 하는가?
   ① 궤간   ② 유간   ③ 확도   ④ 고도

해설 9

온도변화에 대한 궤조의 신축에 대응하기 위하여 레일의 이음장소에 적당한 간격을 두는 것. 약 10[mm]

[답] ②

10. 열차가 곡선궤도를 운행할 때 차륜의 플랜지와 레일 두부간의 측면 마찰을 피하기 위하여 내측 궤조의 궤간을 약간 넓히는 것을 무엇이라 하는가?
   ① 고도   ② 유간   ③ 철차각   ④ 확도

해설 10

차량이 곡선부를 주행 시 바퀴와 레일 사이의 마찰을 줄이기 위해 안쪽레일의 궤간을 넓히는 정도

[답] ④

11. 궤조의 파상 마모를 일으키기 쉬운 것은?
    ① 탄성 도상   ② 비탄성 도상
    ③ 큰 궤조   ④ 작은 궤조

    해설 11
    비탄성 도상은 콘크리트를 사용하므로 충격흡수가 약하다.

    [답] ②

12. 궤도의 확도(slack)를 표시하는 식은 어느 것인가?
    (단, ℓ은 차축거리, R [m]는 곡선 반지름이다.)
    ① $\dfrac{\ell^2}{5R}$ ② $\dfrac{\ell^2}{R}$ ③ $\dfrac{\ell^2}{8R}$ ④ $\dfrac{8\ell^2}{R}$

    해설 12
    $S = \dfrac{l^2}{8R}$[mm], l : 고정 차축간의 거리[m], R : 곡선 반지름[m]

    [답] ③

13. 전차용 전동기에 보극을 설치하는 이유는?
    ① 역회전 방지   ② 정류 개선
    ③ 섬락 방지   ④ 불꽃 방지

    해설 13
    보극설치는 정류개선의 효과도 있지만 전차용 전동기는 역회전 방지를 위해 설치한다.

    [답] ①

14. 열차의 충돌을 방지하기 위하여 열차간의 일정한 간격을 확보하기 위한 설비는?
   ① 폐색장치   ② 연동장치   ③ 전철장치   ④ 제동장치

   해설 14
   폐색장치 : 열차의 충돌을 방지하기 위하여 일정구간 안에 두 열차가 동시에 진입하지 못하도록 하여 열차간의 일정한 간격을 확보하기 위한 설비

   [답] ①

15. 궤조를 교류 전차선 전류의 귀로로 사용할 때에는 폐색 구간의 경계를 귀로 전류가 흐르게 하여야 될 터인데 이와 같은 목적을 이루기 위하여 각 구간의 경계는 무엇으로 연결하여야 하는가?
   ① 열차 단락 감도   ② 궤도 회로
   ③ 임피던스 본드   ④ 연동 장치

   해설 15
   임피던스 본드 : 각 구간의 경계를 연결

   [답] ③

16. 전기철도의 신호 보안장치 중에서 폐색장치를 바르게 설명한 것은?
   ① 정차역 구내에서 원활한 열차 운전을 하기 위하여 신호기, 전철기 등을 상호 연관시키는 장치
   ② 열차가 제한 속도를 초과하면 경보신호 또는 자동으로 열차를 정지시키는 장치
   ③ 선로의 각 구간에 두 열차가 동시에 진입하지 못하도록 하는 신호장치
   ④ 구간내 각 역에 있는 전철기와 신호기 등을 중앙제어실에서 집중 원격제어하는 장치

   해설 16
   폐색장치 : 열차의 충돌을 방지하기 위하여 일정구간 안에 두 열차가 동시에 진입하지 못하도록 하여 열차간의 일정한 간격을 확보하기 위한 설비

   [답] ③

17. 열차 저항의 분류에 들어가지 않는 것은?
   ① 복선저항　　　② 주행저항
   ③ 가속저항　　　④ 곡선저항

   해설 17
   복선은 열차의 저항으로 작용하지 않는다.
   • 출발저항 : 열차 기동시의 저항
   • 주행저항 : 평탄한 직선로를 주행할 때의 저항
   • 곡선저항 : 곡선구간 주행 시 원심력에 의한 저항이며 곡선반지름에 반비례한다.
   • 구배저항(경사저항): 경사를 올라갈 때 중력에 의해 발생하는 저항
   • 가속저항 : 전동차를 가속할 때 발생하는 저항

   [답] ①

18. 메타다인(metadyne) 제어법이라 함은?
   ① 직류 정전류 제어법　　② 직류 정전압 제어법
   ③ 정속도 제어법　　　　④ 정출력 제어법

   해설 18
   전차용 전동기 속도제어법의 일종이다.

   [답] ①

19. 급전선의 급전 분기 장치의 설치 방식이 아닌 것은?
   ① 스팬선식　　② 암식　　③ 커티너리식　　④ 브래킷식

   해설 19
   커티너리는 조가방식의 한 종류이다.

   [답] ③

20. 직류 급전방식에서 정극(正極)을 접속하는 곳은?

① 부급전선 ② 귀선 ③ 급전선 ④ 조가선

해설 20
귀선은 부극성으로 한다.

[답] ③

21. 직류 급전방식에 대한 설명 중 맞지 않는 것은?

① 전압의 불평형에 따른 문제가 없다.
② 통신선에 대한 유도장애가 거의 없다.
③ 교류급전 방식에 비하여 변전소의 설치간격이 짧다.
④ 주파수 변동에 따른 속도의 변화가 많아 별도의 제어장치가 필요하다.

해설 21
직류방식은 주파수의 영향을 받지 않는다.

[답] ④

22. 교류 급전구간의 급전 계통은 어떤 급전 방식을 채택하고 있는가?

① 공통 급전방식 ② 단독 급전방식
③ 직렬 급전방식 ④ 병렬 급전방식

해설 22
교류급전계통은 각 변전소로부터 단독으로 급전한다.

[답] ②

23. 전기철도에서 교류 급전방식이 아닌 것은?
  ① 직접 급전 방식
  ② 주변압기 방식
  ③ 흡상 변압기 방식
  ④ 단권 변압기 방식

> **해설 23**
> 교류 급전방식 • 직접급전식
>   • 흡상변압기(BT : Booster Transformer)
>   • 단권변압기(AT : Auto Transformer)
>
> [답] ②

24. 전기철도의 급전방식으로 교류 급전방식 중 AT급전방식은 어떤 변압기를 사용하여 급전하는 방식을 말하는가?
  ① 스코트변압기
  ② 3권선 변압기
  ③ 단권변압기
  ④ 흡상변압기

> **해설 24**
> 단권변압기(AT : Auto Transformer)
>
> [답] ③

25. 교류 급전방식 중 흡상변압기에 대한 설명이 아닌 것은?
  ① 권수비가 1:1이다.
  ② 전자유도 경감용 변압기이다.
  ③ 전압방식에 무관하게 사용한다.
  ④ 인근 통신선의 유도장애 방지용이다.

> **해설 25**
> 1, 2차 권수비가 같은 1:1 변압기와 부급전선을 설치하여 레일에 흐르는 귀선전류를 강제로 부급전선으로 흐르게(흡상) 하여 누설전류를 없애고, 유도장애를 방지할 수 있다.
>
> [답] ③

⭐⭐⭐⭐⭐
26. 전기철도에서 흡상변압기를 사용하는 주된 목적은?
    ① 전식방지
    ② 통신선의 유도장애 방지
    ③ 전차선의 부하전류 균등화
    ④ 전차선의 전압강하율 감소

> **해설 26**
> 통신유도장애 경감을 위하여 흡상 변압기를 설치한다.
>
> [답] ②

⭐⭐⭐⭐
27. 단상 교류식 전기 철도에서 전압 불평형을 경감하는 데 쓰이는 것은?
    ① 흡상 변압기   ② 단권 변압기
    ③ 크로스 결선   ④ 스코트 결선

> **해설 27**
> 단상 교류식 전기철도에서 전압불평형을 감소시키기 위해 변압기를 스코트(T)결선한다.
>
> [답] ④

⭐⭐⭐
28. 변전소 급전선을 통하여 병렬로 접속하였을 때 전압이 높은 변전소의 부하는 전압이 낮은 변전소에 비하여 어떻게 되는가?
    ① 첨두 부하가 크다.   ② 부하의 변동이 많다.
    ③ 부하율이 나쁘다.   ④ 평균 부하가 크다.

> **해설 28**
> 전압이 높은 변전소의 부하는 전압이 낮은 변전소에 비하여 평균 부하가 커진다.
>
> [답] ④

29. 변전소의 간격을 작게 하는 이유는?

① 건설비가 적게 든다. ② 효율이 좋다.
③ 전압 강하가 적다. ④ 전식이 적다.

해설 29
전압강하가 작아져서 전식도 작아질 수 있다.

[답] ③

30. 가공 전차선로에서 보조 조가선을 사용하는 가선방식은?

① 사조식 ② 콤파운드 커티너리
③ 헤비 심플 커티너리 ④ 심플 커티너리

해설 30
콤파운드 커티너리 : 가공 전차선로에서 보조 조가선을 사용하는 가선방식

[답] ②

31. 그림과 같은 전동차선의 조가법은 다음 중 어느 것인가?

① 직접 조가식
② 단식 커티너리식
③ 변형 Y형 단식 커티너리식
④ 복식 커티너리식

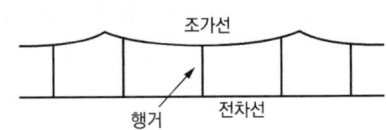

해설 31
단식 커티너리식 : 조가용선에 행거를 사용하므로 지지물의 경간이 길어져도 이도가 크게 발생하지 않으며 수평이 유지된다. 110[km/h]정도의 중속도용으로 지상전철구간의 대표적인 방식이다.

[답] ②

32. 전기철도에서 집전장치인 팬터그래프(pantagraph)의 습동판의 압력은 대략 몇 [kg] 정도인가?

① 1~5 　　② 5~11 　　③ 20~25 　　④ 30~35

해설 32

팬터그래프
- 현재 우리나라에서 사용하는 방식
- 고속도, 고전압, 대용량
- 습동(마찰)판 압력 : 5~11[kg]

[답] ②

33. 전차선의 이선 중 팬터그래프가 경점 등의 충격에 따라 불연속으로 발생되는 것은?

① 소 이선 　　② 대 이선 　　③ 중 이선 　　④ 고 이선

해설 33

이선률 : 열차가 주행중에 트롤리선과 집전장치가 떨어지는 시간비율
- 소 이선 : 미세한 진동으로 수십분의 일 초간 발생
- 중 이선 : 팬터그래프가 경점 등의 충격에 따라 불연속으로 발생
- 대 이선 : 경성점 또는 연성점에 의하여 발생

[답] ③

34. 모노레일 등에 주로 사용되고 있는 전차선로의 가선형태는 무엇인가?

① 제 3궤조 방식　　② 가공복선식
③ 가공단선식　　　④ 강체복선식

해설 34

급전선과 귀선이 모두 강체로 만들어져 모노레일에 접속되어 있다.

[답] ④

35. 직선 궤도에서 호륜 궤조를 설치하지 않으면 안 되는 곳은?
   ① 교량의 위   ② 고속도 운전 구간
   ③ 병용 궤도   ④ 분기 개소

   해설 35
   호륜궤조 : 분기개소에서 열차의 탈선을 방지하는 보조레일

   [답] ④

36. 다음 중 전기 기관차의 속도 제어법으로 사용되지 않는 것은?
   ① 저항 제어법   ② 극수 조정법
   ③ 다이리스터에 의한 제어법   ④ 계자 제어법

   해설 36
   전기 기관차의 경우 극수 조정법은 사용하지 않는다.

   [답] ②

37. 다음 설명 중 리드레일(lead rail)에 적당한 것은?
   ① 열차가 대피궤도로 도입되는 레일
   ② 전철기와 철차와의 사이를 연결하는 곡선레일
   ③ 직선부에서 곡선부로 변화하는 부분의 레일
   ④ 직선부에서 경사부로 변화하는 부분의 레일

   해설 37
   리드레일 : 전철기와 철차와의 사이를 연결하는 곡선레일

   [답] ②

38. 교류 전기차의 속도제어에 해당되는 것은?
① 저항제어　　② 직병렬 전압제어
③ 계자제어　　④ 탭절환 제어

> **해설 38**
> 교류전동기 속도제어
> ① 탭절환 제어
> ② 위상제어
>
> [답] ④

39. 전철 전동기에 감속 기어를 사용하는 주된 이유는?
① 동력의 전달　　② 전동기의 소형화
③ 역률의 개선　　④ 가격의 저하

> **해설 39**
> 감속기어를 사용하여 큰 토크를 낼 수 있으므로 전동기의 크기를 작게 할 수 있다.
>
> [답] ②

40. 전기철도에서 표정속도를 나타내는 것은?
(단, L : 정거장간격, t : 정차시간, n : 정거장수, T : 전 주행시간)

① $\dfrac{L}{t+T}$　　② $\dfrac{nL}{nt+T}$

③ $\dfrac{(n-1)L}{nt+T}$　　④ $\dfrac{(n-1)L}{(n-2)t+T}$

> **해설 40**
> 표정속도 $= \dfrac{운행거리}{운행시간} = \dfrac{정거장수 \times 정거장간격}{정차시간 + 주행시간} = \dfrac{(n-1)L}{(n-2)t+T}$
> 여기서, 정거장수가 n이므로 정차시간은 출발역과 종착역을 제외한 $(n-2)t$이고, 운행거리는 $(n-1)L$이다.
>
> [답] ④

41. 전차의 표정속도를 높이는 유효한 수단은 어느 것인가?
① 제동도를 높인다.
③ 최대속도를 높게 한다.
② 가속도를 크게 한다.
④ 정차 시간을 짧게 한다.

해설 41
정차 시간을 짧게 하여 전차의 표정속도를 높인다.

[답] ④

42. 전차 운전에서 최고 속도를 변화시키지 않고 표정속도를 크게 하려면 다음 중 어떠한 방법이 좋은가?
① 가속도와 감속도를 크게 한다.
② 가속도를 크게 하고, 감속도를 작게 한다.
③ 가속도를 작게 하고, 감속도를 크게 한다.
④ 가속도와 감속도를 작게 한다.

해설 42
표정속도 $= \dfrac{\text{운행거리}}{\text{운행시간}} = \dfrac{\text{정거장수} \times \text{정거장간격}}{\text{정차시간} + \text{주행시간}}$ 에서 정차시간을 작게 하면 표정속도가 커지므로 가속도와 감속도를 크게 하여 정차에 소요되는 시간을 줄여준다.

[답] ①

43. 전기철도의 경제적인 운전을 위해 전력소비량을 줄이려면 가속도와 감속도 및 표정속도를 각각 어떻게 하여야 하는가?
① 가속도는 크게, 감속도는 작게, 표정속도는 크게 하여야 한다.
② 가속도와 감속도는 크게, 표정속도는 작게 하여야 한다.
③ 가속도와 감속도는 작게, 표정속도는 작게 하여야 한다.
④ 가속도와 감속도는 크게, 표정속도는 크게 하여야 한다.

해설 43
전력소비량을 줄이기 위해서는 가속도를 최대한 활용해야 하므로 가속도는 크게 하고, 감속도는 작게 한다. 전체운행에 필요한 시간도 줄어야 하므로 표정속도는 크게 하여야 한다.

[답] ①

44. 다음 중 전기철도의 주전동기의 특성이 아닌 것은?
① 병렬운전이 가능할 것
② 전원전압의 변화에 대한 영향이 적을 것
③ 속도가 상승함에 따라 토크가 클 것
④ 오름 구배에서 토크의 저하가 적을 것

해설 44
속도와 토크는 반비례 특성을 갖는다.

[답] ③

45. 동력 방식으로 최근에 와서 복식 개별운전이 증가하고 있는데 그 이유가 되지 않는 것은?
① 기계의 구성이 간단하다.
② 동력전달 장치가 생략된다.
③ 정밀운전이 된다.
④ 총 설비용량이 적어진다.

해설 45
복식 개별 운전의 경우 설비용량은 커진다.

[답] ④

46. 지상에 레버를 설치함으로써 열차가 신호를 무시하고 구내에 들어오면 열차의 비상 브레이크가 걸리도록 하는 장치는?
   ① ATC   ② ATS   ③ ATO   ④ CTC

   해설 46
   자동 열차정지장치(ATS : Automatic Train Stop device)란 열차가 제한속도나 신호기의 정지신호를 넘어 진행하려고 할 경우 열차의 브레이크를 자동으로 동작시키는 장치
   [답] ②

47. 철도차량이 운행하는 곡선부의 종류가 아닌 것은?
   ① 단곡선   ② 반향곡선   ③ 완화곡선   ④ 복곡선

   해설 47
   철도의 곡선 종류 : 단곡선, 반향곡선, 완화곡선
   [답] ④

48. 전기차의 속도제어방식 중 VVVF 제어법은 무엇인가?
   ① 주파수와 전압을 동시에 제어하는 방법이다.
   ② 주파수를 고정하는 전압만 제어하는 방식이다.
   ③ 전압을 고정하고 주파수만 제어하는 방식이다.
   ④ 초퍼제어 방식이다.

   해설 48
   가변전압, 가변주파수제어로 전압과 주파수를 동시에 제어한다.
   [답] ①

49. 전기차량의 구동용 주전동기의 특성을 설명한 것이다. 틀린 것은?

① 직류직권 전동기의 회전수 n은 단자전압에 비례하고 부하전류에 반비례한다.
② 직류직권 전동기의 토크는 전류의 2승에 비례한다.
③ 유도 전동기는 VVVF 인버터 장치가 필요하다.
④ 유도 전동기 2차 전류는 자속 ϕ와 주파수 f에 반비례한다.

해설 49
유도 전동기 2차 전류는 주전동기 특성과 관계없다.

[답] ④

50. 전철에서 전식방지 방법 중 전철 측 시설이 아닌 것은?

① 레일에 본드를 시설한다.
② 레일을 따라 보조귀선을 설치한다.
③ 변전소간 간격을 짧게 한다.
④ 매설관의 표면을 절연한다.

해설 50
매설관 절연은 지중관로 측 시설이다.

[답] ④

51. 전식 방지법이 아닌 것은?

① 극성을 정기적으로 바꿔주어야 한다.
② 변전소 간격을 짧게 한다.
③ 대지에 대한 레일의 절연저항을 크게 한다.
④ 귀선저항을 크게 하기 위해 레일에 본드를 시설한다.

해설 51
레일본드를 시설하여 귀선저항을 작게 해야 전식방지가 된다.

[답] ④

52. 30[t]의 전차가 30/1000의 구배를 올라가는 데 필요한 견인력[kg]은? 단, 열차 저항은 무시한다.

① 90　　　② 100　　　③ 900　　　④ 9000

해설 52

$$F = 1000gw = 1000 \times \frac{30}{1000} \times 30 = 900[\text{kg}]$$

g : 구배 또는 경사[‰],　W : 열차중량[t]

[답] ③

53. 40[t]의 전차가 20[‰]의 경사를 올라가는데 필요한 견인력 [kg]은? (단, 열차저항은 무시한다.)

① 950　　　② 900　　　③ 850　　　④ 800

해설 53

$$F = 1000gW = 1000 \times \frac{20}{1000} \times 40 = 800[\text{kg}]$$

[답] ④

54. 전동차의 무게가 100[t]이고, 바퀴위의 무게가 75[t]인 기관차의 최대 견인력은 몇 [kg]인가? (단, 바퀴와 레일의 점착 계수는 0.2이다)

① 5,000　　　② 10,000　　　③ 15,000　　　④ 20,000

해설 54

$$F = 1000\mu W = 1000 \times 0.2 \times 75 = 15000[\text{kg}]$$

μ : 점착계수,　W : 동륜상의 중량[t]

점착계수는 미끄러지지 않고 운행할 수 있는 값이므로 동력을 전달받는 바퀴위의 무게를 계산한다.

[답] ③

55. 전기 기관차의 자중이 150[t]이고, 동륜상의 중량이 95[t]이라면 최대 견인력은 몇 [kg]인가? (단, 궤조의 점착 계수는 0.2라 한다.)

① 19,000 ② 25,000 ③ 28,500 ④ 38,000

해설 55

$F = 1000\mu W = 1000 \times 0.2 \times 95 = 19000 [kg]$

[답] ①

56. 중량 50[t]의 전동차에 3[km/h/s]의 가속도를 주는 데 필요한 힘[kg]은?

① 150 ② 156 ③ 210 ④ 4650

해설 56

$F = 31aW = 31 \times 50 \times 3 = 4650 [kg]$

[답] ④

57. 전기열차에서 전기기관차의 중량 150[t], 부수차의 중량 550[t], 기관차 동륜상의 중량 100[t]이다. 우천시 올라갈 수 있는 최대 구배[‰]는?
(단, 열차저항은 무시한다. 우천시 부착계수는 0.18이다.)

① 5.5 ② 2.57 ③ 4.4 ④ 6.6

해설 57

우천 시 최대구배는 견인력을 총 중량으로 나누어 준다.

$\therefore \dfrac{1000 \times 0.18 \times 100}{550 + 150} = 25.71 [\%] = 2.57 [‰]$

[답] ②

MEMO

Chapter 07

공사재료

01. 전선 및 케이블

02. 전선관 및 덕트

03. 피뢰침과 피뢰기

04. 지지물 및 애자

05. 기타

- 적중실전문제

Chapter 07 공사재료

01 전선 및 케이블

1) 전선 및 케이블

   (1) 전선의 구비조건

   ① 도전율이 클 것
   ② 기계적 강도 및 인장강도가 클 것
   ③ 비중이 적을 것
   ④ 내구성 및 내식성이 클 것
   ⑤ 가요성이 있을 것
   ⑥ 시공 및 보수가 용이할 것

   (2) 단선

   ① 절연피복내부 또는 나선의 도체가 1가닥인 전선
   ② 0.1[mm] ~ 12[mm] 42종

   (3) 연선

   ① 절연피복내부 또는 나선 도체가 여러 가닥인 전선
   ② 0.9[mm^2]~1,000[mm^2] 26종
   ③ 공칭단면적 : 전선의 굵기를 나타내는 호칭이다.

   > • 소선 가닥수 $N = 3n(n+1) + 1$
   > • 바깥지름 $D = (2n+1)d$ (여기서 d : 소선 1가닥의 지름)
   > • 단면적 $S = \dfrac{\pi D^2}{4}$[mm^2]
   > 예) 1층 : 7가닥, 2층 : 19가닥, 3층 : 37가닥, 4층 : 61가닥

   (4) 연동선과 경동선

   ① 연동선

   고유저항이 작고, 구부리기가 쉬워 옥내배선에 주로 사용한다.

   ② 경동선

   인장강도가 커서 송배전용 가공전선에 사용한다.

   ③ 알루미늄선

   구리선에 비해 도전율과 인장강도가 낮지만 가볍고, 경제적인 장점이 있어 고압송전선에 사용된다. 인장강도를 보강하기 위해 강심알미늄연선(ACSR)을 사용하기도 한다.

(5) 고유저항
① 연동선 : $\frac{1}{58}[\Omega/mm^2/m]$

② 경동선 : $\frac{1}{55}[\Omega/mm^2/m]$

③ 알루미늄선 : $\frac{1}{35}[\Omega/mm^2/m]$

2) 나전선
절연 피복이 없는 전선으로서 다음의 경우에 한하여 사용할 수 있다.

(1) 애자 사용 공사에 의하여 전개된 곳에 시설하는 경우
① 전기로용 전선
② 전선의 피복 절연물이 부식하는 장소에 시설하는 전선
③ 취급자 이외의 자가 출입할 수 없도록 설비한 장소에 시설하는 전선
(2) 버스덕트 공사에 의하여 시설하는 경우
(3) 라이팅덕트 공사에 의하여 시설하는 경우
(4) 접촉전선을 시설하는 경우

3) 절연전선
(1) 비닐절연전선
① 450/750V 비닐절연전선 : 최고허용온도 70℃
② 450/750V 내열비닐절연전선 : 최고허용온도 90℃
③ 옥외용 비닐절연전선 OW : 저압가공전선으로 사용, 옥내배선 사용불가
④ 인입용 비닐절연전선 DV : 가공인입선으로 사용, 애자사용공사불가
(2) 450/750V 내열성 에틸렌아세테이트 고무절연전선

4) 코드
절연전선과 절연체를 피복으로 감싸 만든 전선으로 주로 소형전기기구의 전원선이나 이동용 전선으로 사용한다.

- 2심 - 청색, 갈색
- 3심 - 녹색-노란색, 청색, 갈색
- 4심 - 녹색-노란색, 청색, 갈색, 흑색

5) 케이블
　(1) 캡타이어 케이블
　　① 주석 도금한 연동 연선을 종이 또는 면사로 감은 위에 순고무 30[%] 이상을 함유한 고무 혼합을 내수성, 내산성, 내알칼리성, 내유성을 갖도록 하여 피복한 것이다.
　　② 심선의 색깔

> • 2심 - 청색, 갈색
> • 3심 - 녹색-노란색, 청색, 갈색
> • 4심 - 녹색-노란색, 청색, 갈색, 흑색
> • 5심 - 녹색-노란색, 청색, 갈색, 흑색, 회색

　　③ 용도 : 공장, 농사, 광산, 의료, 무대 등에서 고정 및 이동전선
　　④ 공칭단면적 : 0.75~100[mm^2]

　(2) 비닐시스 케이블
　　2심 또는 3심의 비닐절연전선위에 염화비닐수지 혼합물로 외장한 케이블

　(3) 용접용 케이블

종류	기호	피복재료
리드용 제1종 케이블	WCT	천연고무 캡타이어로 피복한것
리드용 제2종 케이블	WNCT	클로로프렌 캡타이어로 피복한것
홀더용 제1종 케이블	WRCT	천연고무 캡타이어로 피복한것
홀더용 제2종 케이블	WRNCT	클로로프렌 캡타이어로 피복한것

　(4) CV케이블(가교폴리에틸렌절연 비닐시스 케이블)
　　허용온도가 90[℃]로 내열, 난연성이 우수하지만 기름이나 알칼리에 의하여 경화되는 단점이 있다.

　(5) EE케이블(폴리에틸렌절연 폴리에틸렌시스 케이블)
　　허용온도 75[℃]

　(6) 플렉시블시스 케이블
　　AC, ACT, ACV, ACL형식이 있으며 습기나 기름이 있는 곳에서는 ACL형식을 사용한다.

예제 1

전선 재료(도전재료)로서 구비하여야 할 조건 중 틀린 것은?
① 도전율이 클 것　　　　　　　② 접속이 쉬울 것
③ 인장 강도가 비교적 클 것　　④ 내식성이 작을 것

【해설】
① 도전율이 클 것 또는 고유저항이 작을 것
② 기계적 강도 및 인장강도가 클 것
③ 비중이 작을 것　　　　④ 내구성, 내식성이 클 것
⑤ 가요성이 풍부할 것　　⑥ 시공 및 보수가 용이할 것

[답] ④

예제 2

4심 캡타이어 케이블 심선의 색깔은?
① 청색, 갈색, 흑색, 회색　　　　② 녹색-노란색, 청색, 갈색, 회색
③ 녹색-노란색, 청색, 갈색, 흑색　④ 청색, 갈색, 흑색, 적색

【해설】
2심 : 청색, 갈색
3심 : 녹색-노란색 청색, 갈색
4심 : 녹색-노란색, 청색, 갈색, 흑색
5심 : 녹색-노란색, 청색, 갈색, 흑색, 회색

[답] ③

예제 3

가공전선 규격 선정 시 고려하여야 할 사항이 아닌 것은?
① 허용전류　　② 전압강하　　③ 기계적강도　　④ 유전손실

【해설】
전선 굵기 선정조건 : 허용전류, 전압강하, 기계적강도

[답] ④

02 전선관 및 덕트

1) 각종 전선관 및 전선관용 부속품
  (1) 금속관
   ① 후강 전선관(G)

   > • 안지름을 짝수[mm]로 표기
   >   16, 22, 28, 36, 42, 54, 70, 82, 92, 104
   > • 관의 두께는 2.3[mm] 이상, 1본의 길이는 3.66[m]

   ② 박강 전선관(C)

   > • 바깥지름을 홀수[mm]로 표기
   >   19, 25, 31, 39, 51, 63, 75
   > • 관의 두께는 1.2[mm] 이상, 1본의 길이는 3.66[m]

   ③ 관의 굵기 선정

   > • 서로 다른 굵기의 전선을 넣을 때 : 관내 단면적의 32[%]
   > • 제어회로용 또는 같은 굵기의 전선 : 관내 단면적의 48[%]

   ④ 콘크리트에 매입시 관의 두께 : 1.2[mm] 이상, 기타는 1.0[mm]이다.
   ⑤ 관을 구부릴 때의 굴곡반경은 관 안지름의 6배 이상일 것

  (2) 금속관 공사의 사용재료
   ① 로크너트 : 관을 박스에 고정시킬 때 사용
   ② 부싱 : 금속관 끝에서 전선피복을 보호하기 위하여 사용
   ③ 링 리듀서 : 금속관과 박스 접속시 박스와 관 직경이 맞지 않을 때 사용
   ④ 앤트런스 캡(우에사캡) : 인입구 및 인출구에서 전선관 공사로 넘어갈 때 관 끝에 설치하여 빗물의 침입방지에 사용
   ⑤ 터미널 캡 : 관에서 나온 전선을 전동기 단자에 접속할 때 관 끝에 사용
   ⑥ 커플링 : 관과 관을 접속시키는 재료
   ⑦ 유니온 커플링 : 고정되어 있어 돌릴 수 없는 관과 관을 접속시키는 재료
   ⑧ 콤비네이션 커플링 : 금속관과 2종 가요전선관을 접속시키는 재료
   ⑨ 픽스처 스터드와 히키 : 무거운 기구를 박스에 매달 때 장력보강용 재료
   ⑩ 노멀 밴드 : 배관의 직각부분에서 관과 관을 연결하는 형상이 큰 재료
   ⑪ 유니버설 엘보 : 노출배관에서 관을 직각으로 구부리는 곳에 사용하며, 3방향의 T형과 4방향의 크로스형이 있다.
   ⑫ 엘보 : 노출 배관시 금속관을 직각으로 구부릴 때 사용하는 작은 재료

⑬ 접지 클램프 : 금속관에 접지극을 접속하는 재료
⑭ 새들 : 배관 공사에서 노출 배관시 관을 조영재에 고정하는 재료
⑮ 블랭크 와셔(Blank Washer) : 정션 박스에 덕트를 접속하지 않는 곳으로 수분 및 먼지의 침입을 막기 위하여 덕트 끝을 막는 재료

(3) 합성 수지관
① 관이 절연물이므로 누전의 우려가 없어 접지할 필요가 없다.
② 가볍고, 내식성이 커서 화학공장 등에 사용한다.
③ 외상의 우려가 있고, 고온 및 저온에 약하다.
④ 지지물 간 거리는 1.5[m]이다.
⑤ 1본의 길이는 4[m]이며, 굵기는 안지름에 가까운 짝수로 나타낸다.

(4) 가요 전선관
① 1종 금속제 가요 전선관의 두께는 0.8[mm] 이상인 연강대에 아연도금
② 2종 금속제 가요 전선관은 테이프 모양의 납 도금을 한 띠강 2매와 파이버 1매, 계 3매를 조합한 가요전선관

2) 각종 덕트 공사

(1) 금속 덕트 공사
① 금속 덕트에 넣은 전선의 단면적(절연피복을 포함)의 합계는 덕트의 내부 단면적의 20[%](전광표시 장치, 출퇴표시등, 제어회로용 배선만을 넣는 경우에는 50[%]) 이하일 것
② 금속 덕트 안에는 전선에 접속점이 없도록 할 것
③ 폭이 5[cm]를 초과하고 또한 두께가 1.2[mm] 이상 금속제일 것
④ 덕트의 지지점간의 거리는 3[m] 이하일 것
⑤ 덕트의 뚜껑은 쉽게 열리지 아니하도록 하고 덕트의 끝부분은 막을 것

(2) 버스 덕트 공사
① 피더 버스덕트 : 변압기와 배전반사이의 간선에서 분기접점이 없는 전선로에 사용
② 플러그 인 버스덕트 : 분기가 가능한 덕트
③ 트롤리 버스덕트 : 이동 부하를 설치할 수 있도록 만든 덕트

(3) 라이팅 덕트 공사

조명기구나 소형전기기구에 전력을 공급하는 것으로 상점이나 백화점, 전시장 등에서 조명기구의 위치를 바꾸기가 빈번한 곳에 사용한다.

3) 애자사용공사
① 전선은 절연전선(옥외용 비닐 절연전선 및 인입용 비닐 절연전선을 제외)일 것
② 전선 상호간의 간격은 6[cm] 이상일 것
③ 전선과 조영재 사이의 이격거리

- 400[V] 미만인 경우에는 2.5[cm] 이상
- 400[V] 이상인 경우에는 4.5[cm] 또는 건조한 장소 2.5[cm] 이상

④ 전선의 지지점간의 거리

- 전선을 조영재의 면에 따라 붙일 경우에는 2[m] 이하일 것
- 400[V] 이상인 것은 조영재의 면에 따라 붙이지 않는 경우 6[m] 이하일 것

⑤ 전선이 조영재를 관통하는 경우에는 그 관통하는 부분의 전선을 전선마다 각각 별개의 난연성 및 내수성이 있는 절연관에 넣을 것
⑥ 애자는 절연성, 난연성 및 내수성의 것이어야 한다.

예제 4

후강 전선관에서 관의 호칭이 잘못된 것은?
① 15[mm]   ② 22[mm]   ③ 28[mm]   ④ 36[mm]

【해설】
후강 전선관은 안지름을 짝수[mm]로 표기 : 16, 22, 28, 36, 42, 54, 70, 82, 92, 104

[답] ①

예제 5

다음 금속 덕트에 대한 설명 중 알맞지 않은 것은?
① 금속 덕트는 철판의 두께가 1.2[mm] 이상으로 견고하게 제작한다.
② 덕트 내면은 전선을 손상할만한 돌기가 없어야 한다.
③ 접속단자는 덕트 내에 만든다.
④ 덕트의 전면에 산화방지에 필요한 도장을 한다.

【해설】
덕트 내에 접속단자를 만들어서는 안 된다.

[답] ③

03 피뢰침과 피뢰기

1) **피뢰침(lightning rod)**
   낙뢰로부터 일정 보호각 내의 구조물을 보호하는 설비이다. 돌침, 인하도선, 접지극의 3요소로 구성되어 있다. 직격뢰가 원인이 되는 건물 및 구조물의 손상 및 화재 등을 예방하는 설비이다.

   (1) 돌침, 인하도선, 접지극의 3요소로 구성된다.
   ① 돌침
      구리, 알루미늄 또는 아연도금한 철로 된 지름 12[mm] 이상의 봉을 사용한다.
   ② 인하도선
      돌침과 접지극을 연결하는 도선이다.
   ③ 접지전극

   - 동봉을 사용할 경우 지름 8[mm] 이상, 길이 0.9[m] 이상으로 하여 접지저항이 10[Ω] 이하가 되도록 지하에 매설한다.
   - 동판을 사용할 경우 두께 0.7[mm], 면적 0.35[m^2] 이상
   - 수뢰부, 인하도선, 접지극 : 피복 없는 동선기준으로 최소 단면적은 50[mm^2] 이상이다.

   (2) 보호범위(각)는 일반 건축물에서는 60° 이하, 위험물 저장고에서는 45° 이하로 한다.

   (3) 피뢰방식
   ① 돌침 방식 : 투영 면적이 적은 건물
   ② 수평도체 방식 : 투영 면적이 큰 건물, 가공지선 방식
   ③ 케이지 방식 : 피 보호물 전체를 둘러싸는 연속적 망상도체
   ④ 이온방사형 피뢰방식 : 돌침부에서 이온 또는 펄스를 발생시켜 뇌운의 방전을 유도하는 방식

2) 피뢰기(Lightning Arrester)

(1) 전기 시설에 침입하는 이상 전압에 대하여 대지로 전하를 방전해서 대지전위를 제한하며 전기설비의 절연을 보호하는 장치이다.

(2) 갭레스형, 갭있는 형이 있고, 직렬 갭은 이상 전압으로부터 신속히 방전을 개시하고 방전이 끝나면 속류를 차단하는 기능을 가지고 있다.

(3) 피뢰기의 정격전압[kV]

공칭전압	변전소	배전선로
3.3	7.5	7.5
6.6	7.5	7.5
22.9	21	18
22	24	-
66	75(72)	-
154	144	-
345	288	-

(4) 피뢰기 설치장소
  ① 발전소, 변전소 또는 이에 준하는 장소의 가공전선 인입구 및 인출구
  ② 가공전선로에 접속하는 배전용 변압기의 고압측 및 특고압측
  ③ 고압 및 특고압 가공전선로로부터 공급을 받는 수용장소의 인입구
  ④ 가공전선로와 지중전선로가 접속되는 곳

(5) 피뢰기 접지
  ① 단독접지, 공통접지, 통합접지
  ② 접지선 굵기 : $6[mm^2]$ 이상
  ③ 접지저항 : $10[\Omega]$ 이하

	피뢰기	피뢰침
사용목적	이상전압으로부터 전기설비의 절연보호 제1보호대상 : 변압기	낙뢰로 인한 건축물 및 피보호물의 피해방지
설치 위치	피 보호기기에 가능한 가까운 위치	피 보호물의 상단에 보호 가능한 높이에 설치
접지	방전 중에만 접지상태	항상 직접접지

예제 6

765[kV]계통의 변전소용 피뢰기는 공칭 방전전류가 몇[kA]인가?
① 2.5[kA]　　② 5[kA]　　③ 10[kA]　　④ 20[kA]

【해설】
765[kV]계통 피뢰기의 공칭 방전전류는 20[kA]이다.

[답] ④

예제 7

돌침의 재료가 아닌 것은?
① 동　　　　　　　　　② 알루미늄
③ 아연도금한 알루미늄　　④ 아연도금한 철

【해설】
알루미늄은 녹이 슬지 않으므로 아연도금하지 않는다.

[답] ③

04 지지물 및 애자

1) 지지물의 각 부 명칭 및 용도

(1) 행거 밴드 : 전주에 주상변압기 설치 시 고정 밴드
(2) 암 타이 : 완철(완금)이 상, 하로 움직임을 방지하는 재료
(3) 암 타이 밴드 : 암 타이를 전주에 고정 시 사용 밴드
(4) 완금 밴드 : 완금을 전주에 고정 시 사용 밴드
(5) 완철(완금)

	완철의 길이[mm]		
	저압	고압	특고압
2조	900	1,400	1,800
3조	1,400	1,800	2,400

(6) 앵글 베이스(또는 U좌금) : 완금 또는 앵글류의 지지물에 COS 또는 핀애자를 고정 시 사용 재료
(7) 지선 : 지지물의 강도를 보강, 안정성 증대, 보안을 위해 설치
　① 안전율 : 2.5 이상, 인장강도: 4.31[kN] 이상
　② 소선의 굵기 : 2.6[mm] 이상
　③ 소선의 인장강도 : 0.68[kN/mm^2] 이상
　④ 3조 이상 연선(아연도금 철선)

(8) 전주 표준 근입과 근가의 길이

전주의 길이	표준 근입(깊이)	근가의 길이
7	1.2	1.0
8	1.4	1.0
9	1.5	1.2
10	1.7	1.2
11	1.9	1.5
12	2.0	1.5
13	2.2	1.5
14	2.4	1.8
15~16	2.5	1.8

2) 애자

　(1) 애자의 종류

　　① 지선 애자 : 지선의 중간에 넣는 애자
　　② 가지 애자 : 전선을 다른 방향으로 돌리는 부분에 사용하는 애자
　　③ 핀 애자 : 완금에 수직으로 시설할 때 사용하는 애자
　　④ 현수 애자 : 인류하는 곳이나 분기하는 곳에 사용하는 애자. 애자련으로 연결하여 전압에 맞게 절연을 확보하여 사용

전압[kV]	22.9	66	154	345
현수애자개수	2~3	4~6	10~11	18~20

　　⑤ 라인포스트 애자 : 특고압 배전선로에 사용하며 주로 염진해 오손이 심한 지역에 사용하는 애자
　　⑥ 놉 애자 : 옥내에 전선을 지지하기 위하여 사용하는 애자

종 류	사용전선의 최대 굵기[mm^2]
소	16
중	50
대	95
특대	240

(2) ㄱ형 완철 현수애자 및 데드앤드 클램프(인장 클램프)의 접속

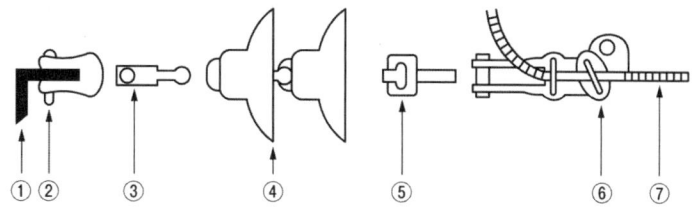

① ㄱ형 완철　② 앵커쇄클　③ 볼크레비스
④ 현수애자　⑤ 소켓아이　⑥ 데드앤드클램프
⑦ 전선

(3) 경완철 현수애자 및 데드앤드 클램프(인장 클램프)의 접속

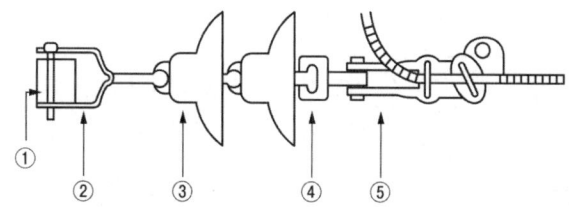

① 경완철　② 볼쇄클　③ 현수애자
④ 소켓아이　⑤ 데드앤드클램프

예제 8

폴 스탭이라는 자재를 설명한 것 중 알맞은 것은?
① 주상용 개폐기의 조작핸들 지지용 볼트
② 전주에 오르고 내릴 때 필요한 디딤용 볼트
③ 전주에 완금을 고정하기 위하여 사용하는 볼트
④ 전주에 케이블을 고정하기 위한 재료

【해설】
폴 스탭은 전주에 오르고 내릴 때 필요한 디딤용 볼트이다.

[답] ②

예제 9

특고압 배전선로에 사용하는 애자로서 특히 염진해 오손이 심한 지역(바다가등)에서 사용되며 애자의 애자핀이 별도 분리되어 있으며 사용시는 조립하여 사용하는 애자는?
① 지선용 구형애자   ② 라인포스트 애자   ③ 고압핀애자   ④ T형인류애자

【해설】
라인포스트 애자는 특고압 배전선로에 사용, 특히 염진해 오손이 심한 지역에 사용

[답] ②

05 기타

1) 차단기 및 회로 차단용 기기 약호

ABB	공기 차단기	DS	단로기
OCB	유입 차단기	LS	선로 개폐기
GCB	가스 차단기	COS	컷아웃스위치
VCB	진공 차단기	PF	전력퓨즈
MBB	자기 차단기	ACB	기중 차단기
CB	차단기	MCCB	배선용 차단기

GCB : 육불화황가스(SF_6) 절연 기체는 무독, 무색, 무취, 불연성 기체이다.

2) 측정계기
① 절연저항 측정 : 메거
② 접지저항 측정 : 어스테스터, 코올라시 브리지
③ 충전유무 조사 : 네온 검전기
④ 도통시험 할 수 있는 계기 : 테스터, 마그넷벨, 메거

3) 변압기 절연유의 구비조건
① 응고점이 낮을 것
② 인화점이 높을 것
③ 절연내력이 클 것
④ 점도가 낮고 유동성이 좋을 것
⑤ 화학적 안정성이 높아야 할 것

4) 전선의 접속
   ① 전선의 세기를 20[%] 이상 감소시키지 말 것
   ② 전선의 전기저항을 증가시키지 말 것
   ③ 접속부분을 그 부분의 절연물과 동등이상의 절연효력이 있도록 절연할 것
   ④ 접선접속의 종류 : 납땜 접속, 슬리브 접속, 커넥터 접속

5) 리노테이프
   바이어스 테이프에 절연성 니스를 몇 차례 바르고 다시 건조시킨 것으로 점착성은 없으나 절연성, 내온성, 내유성이 강한 절연 테이프로서 연피 케이블의 접속에 사용한다.

6) 절연재료의 내열성에 의한 분류

종류	Y종	A종	E종	B종	F종	H종	C종
최고 사용온도 [℃]	90	105	120	130	155	180	180 초과

예제 10

기체의 무기질 절연 재료는 어느 것인가?
① 폴리에틸렌 ② 운모 ③ 실리콘유 ④ 육불화황(SF_6)

【해설】
SF_6는 무색, 무취, 불연성으로 차단기 등에 사용하는 일종의 기체절연재료이다.

[답] ④

예제 11

불량애자 검출법 중 활선 작업이 불가능한 것은?
① 불꽃갭법 ② 네온관법 ③ KD법 ④ 메거(megger)법

【해설】
메거(megger)법 : 절연저항 측정법

[답] ④

예제 12

다음 중 절연의 종류가 아닌 것은?
① A종 ② B종 ③ D종 ④ H종

【해설】

종류	Y종	A종	E종	B종	F종	H종	C종
최고 사용온도 [℃]	90	105	120	130	155	180	180 초과

[답] ③

Chapter 07. 공사재료
적중실전문제

★★★★★

1. 전선 재료(도전재료)로서 구비하여야 할 조건 중 틀린 것은?
① 도전율이 클 것
② 접속이 쉬울 것
③ 인장 강도가 비교적 클 것
④ 내식성이 작을 것

해설 1
① 도전율이 클 것 또는 고유저항이 작을 것
② 기계적 강도 및 인장강도가 클 것
③ 비중이 작을 것   ④ 내구성, 내식성이 클 것
⑤ 가요성이 풍부할 것   ⑥ 시공 및 보수가 용이할 것

[답] ④

★★★★★

2. 도전재료에 합금을 했을 경우 다음 중 거리가 먼 것은?
① 저항값의 증대   ② 저항온도 계수의 감소
③ 내열성의 감소   ④ 기계적성질 개선

해설 2
도전재료를 합금하였을 경우 내열성은 증가한다.

[답] ③

★★★★★

3. 다음은 전선의 기호와 절연제를 연결한 것이다. 잘못된 것은?
① FL-천연고무   ② DV-비닐
③ EV-폴리에틸렌   ④ NRC-고무

해설 3
FL-형광방전등용 비닐절연전선

[답] ①

4. 다음 중 명칭과 약호가 잘못된 것은?
   ① CVV - 캡타이어 케이블
   ② DV - 인입용 비닐절연전선
   ③ H - 경동선
   ④ OW - 옥외용 비닐절연전선

   해설 4
   CVV-제어용 비닐절연 비닐시스케이블

   [답] ①

5. $22[kV-\Delta]$ 계통에서는 어떤 케이블을 사용하는가?
   ① CV 케이블   ② CN 케이블
   ③ VV 케이블   ④ RN 케이블

   해설 5
   $22[kV-\Delta]$에 CV 케이블을 사용한다.

   [답] ①

6. 변압기유의 최고 허용 온도[℃]는?
   ① 90   ② 80   ③ 40   ④ 50

   해설 6
   변압기유의 최고 허용 온도는 90[℃]이다.

   [답] ①

7. CN/CV 기호는 22.9[kV] 가교폴리에틸렌절연 비닐시스 동심 중성선 전력케이블이다. 기호에서 CN의 의미는?
   ① 동심 중성선
   ② 비닐(PVC)시스
   ③ 폴리에틸렌(PE)시스
   ④ 가교 폴리에틸렌(XLPE) 절연

   해설 7
   CN : 동심 중성선

   [답] ①

8. 22.9[kV-Y]계통에서는 어떤 케이블을 사용하는가?
   ① CV 케이블
   ② CNCV-W 케이블
   ③ VV 케이블
   ④ RN 케이블

   해설 8
   22.9[kV-Y]에 CNCV-W 케이블(수밀형)을 사용한다.

   [답] ②

9. 특고압 수전설비 결선도에서 22.9[kV-Y] 지중인입선으로 침수의 우려가 있는 경우에는 어떤 케이블을 사용하는 것이 바람직한가?
   ① N-EV 전선
   ② CN-CV 케이블
   ③ N-RC 전선
   ④ CNCV-W 케이블(수밀형)

   해설 9
   22.9[kV-Y]에 CNCV-W 케이블(수밀형)을 사용한다.

   [답] ④

10. 초고압 송전 선로에서 코로나의 발생을 방지하기 위하여 전선의 표면을 매끈하게 하고, 단면적을 증가시키기 않고 전선의 바깥 지름만 필요한 만큼 크게 만든 연선은?

① 중공연선　　② 경동연선　　③ 합성연선　　④ 연선

> **해설 10**
> 중공연선 : 전선 중앙을 비게 하고 지름을 크게 하여 코로나 발생을 방지할 목적으로 사용한다.
>
> [답] ①

11. 다음 중 보호선과 중성선의 기능을 겸한 전선은?

① PEN선　　② PEM선　　③ PEL선　　④ IT계통

> **해설 11**
> PEN선 : 보호선과 중성선의 기능을 겸한 전선
> PEL선 : 보호선과 전압선의 기능을 겸한 전선
>
> [답] ①

12. 가공전선 규격 선정 시 고려하여야 할 사항이 아닌 것은?

① 허용전류　　② 전압강하　　③ 기계적강도　　④ 유전손실

> **해설 12**
> 전선 굵기 선정조건 : 허용전류, 전압강하, 기계적강도
>
> [답] ④

13. Al 선의 퍼센트 전도율은 약 몇 [%] 인가?

① 35　　② 60　　③ 85　　④ 97

> **해설 13**
> 연동선을 기준으로 한 도체의 전도율이다.
>
> [답] ②

14. 테이블 탭을 사용할 경우의 코드 단면적은 얼마 이상으로 하여야 하는가?

① 0.5[mm²]　　② 0.75[mm²]　　③ 1.25[mm²]　　④ 6[mm²]

해설 14

테이블 탭은 1.25[mm²] 이상인 단면적의 코드를 사용하며, 길이는 3[m] 이하이다.

[답] ③

15. 옥외용 전용선은 OW전선을 사용하는데 인입선 전용에는 어떤 전선을 전용하는가?

① FL전선　　② PD전선　　③ IV전선　　④ DV전선

해설 15

DV : 인입용 비닐절연전선

[답] ④

16. 배전 선로용 AL-OC 전선의 설명이다. 옳은 것은?

① 옥외용 알루미늄도체 가교폴리에틸렌 절연전선이다.
② 알루미늄도체 폴리에틸렌 절연전선이다.
③ 알루미늄도체 고무 절연전선이다.
④ 알루미늄도체 크로로프렌 절연전선이다.

해설 16

AL-OC : 옥외용 알루미늄도체 가교폴리에틸렌 절연전선

[답] ①

17. 4심 캡타이어 케이블 심선의 색깔은?
   ① 청색, 갈색, 흑색, 회색
   ② 녹색-노란색, 청색, 갈색, 회색
   ③ 녹색-노란색, 청색, 갈색, 흑색
   ④ 청색, 갈색, 흑색, 적색

   해설 17
   심선의 색깔
   2심 : 청색, 갈색
   3심 : 녹색-노란색, 청색, 갈색
   4심 : 녹색-노란색, 청색, 갈색, 흑색
   5심 : 녹색-노란색, 청색, 갈색, 흑색, 회색

   [답] ③

18. 전력 케이블의 종류에서 종이 절연 케이블이 아닌 것은?
   ① H지 케이블
   ② 벨트지 케이블
   ③ CV 케이블
   ④ SL지 케이블

   해설 18
   ① 종이절연 케이블 중 솔리드 케이블 : 벨트지 케이블, H지 케이블, SL지 케이블
   ② 기타 케이블 : OF 케이블, CV 케이블, EV 케이블, BN 케이블

   [답] ③

19. 다음 재료 중 솔리드 케이블이 아닌 것은?
   ① 벨트 케이블
   ② SL 케이블
   ③ H 케이블
   ④ OF 케이블

   해설 19
   ① 종이절연 케이블 중 솔리드 케이블 : 벨트지 케이블, H지 케이블, SL지 케이블
   ② 기타 케이블 : OF 케이블, CV 케이블, EV 케이블, BN 케이블

   [답] ④

20. 해안지방의 송전용 나선에 가장 적합한 전선은?

① 강선   ② 동선
③ 알루미늄 합금연선   ④ 강심알루미늄선

해설 20
해안지방의 송전용 나선에는 염진해에 강한 동선이 가장 적합하다.

[답] ②

21. 37/3.2[mm]인 경동연선의 바깥지름[mm]은?

① 22.4   ② 20.4   ③ 14.4   ④ 12.4

해설 21
바깥지름 $D = (2n+1)d = (2 \times 3 + 1) \times 3.2 = 22.4$[mm]
여기서 d : 소선 1가닥의 지름, n : 3층

[답] ①

22. ACSR 전선을 선로중간에 접속할 때 쓰이는 재료는?

① 터미널 러그   ② 직선조인 Al sleeve
③ S형 sleeve   ④ 압축인류 크램프

해설 22
Al sleeve : ACSR 선로 중간에 접속할 때 사용한다.

[답] ②

23. 전선 및 케이블의 중간 접속제로 사용되는 것은?

① 칼 부럭   ② 볼트식 터미널
③ 압착 슬리브   ④ 압착 터미널

해설 23
압착 슬리브 : 전선 및 케이블의 중간 접속제이다.

[답] ③

24. 가교 폴리에틸렌 절연전선의 최고 허용 온도는?
① 약 60[℃] ② 약 70[℃]
③ 약 80[℃] ④ 약 90[℃]

해설 24
가교 폴리에틸렌 절연전선의 최고 허용 온도 : 약 90[℃]이다.

[답] ④

25. 전력케이블에서 $\tan\delta$에 의해 발생되는 손실은?
① 연피손 ② 저항손 ③ 유전체손 ④ 표피손

해설 25
유전체역률 또는 유전정접인 $\tan\delta$가 크면 유효전력 즉 유전체손이 크다.

[답] ③

26. 케이블 트레이 및 부속재 선정에서 적합하지 않은 것은?
① 수용된 모든 전선을 지지할 수 있는 적합한 강도의 것이어야 한다.
② 비금속재 케이블 트레이는 난연성 재료의 것이어야 한다.
③ 지지대는 케이블 트레이 자체하중과 포설된 케이블 하중을 충분히 견딜 수 있는 강도를 가져야 한다.
④ 케이블 트레이의 안전율은 1.4 이하로 하여야 한다.

해설 26
케이블 트레이의 안전율은 1.5 이상으로 하여야 한다.

[답] ④

27. 다음 중 케이블 트레이의 종류에 해당되지 않는 것은?
   ① 사다리형 케이블 트레이   ② 통풍 채널형 케이블 트레이
   ③ 밀폐형 케이블 트레이   ④ 바닥 통풍형 케이블 트레이

   해설 27
   케이블 트레이의 종류 : 사다리형, 통풍 채널형, 바닥 통풍형
   [답] ③

28. 지선으로 사용되는 전선의 종류로 알맞은 것은?
   ① 강심알루미늄선   ② 아연도금철선
   ③ 경동선   ④ 알루미늄선

   해설 28
   지선은 인장강도가 큰 아연도금철선을 사용한다.
   [답] ②

29. 지선의 시방 세목 등 지주의 대용에서 가공전선로의 지지물에 시설하는 지선은 다음에 의하여 시설한다. 잘못된 것은?
   ① 지선에 연선을 사용할 경우 소선 3가닥 이상의 연선일 것
   ② 지선에 연선을 사용할 경우 지름이 2.6[mm] 이상의 금속선을 사용한다.
   ③ 지선의 근가는 지선의 인장 하중에 충분히 견디도록 시설할 것
   ④ 소선의 인장강도는 최소 0.78[kN/mm^2] 이상의 것을 사용한다.

   해설 29
   소선의 인장강도는 최소 0.68[kN/mm^2] 이상의 것을 사용한다.
   [답] ④

30. 전주길이의 표준 근입을 나타낸 것이다. 잘못 표기된 것은?
(단, 설계하중이 6.8[kN] 이하이다.)
① 전주 길이 8[m], 표준 근입 1.3[m]
② 전주 길이 10[m], 표준 근입 1.7[m]
③ 전주 길이 12[m], 표준 근입 2.0[m]
④ 전주 길이 14[m], 표준 근입 2.4[m]

해설 30
표준 근입과 근가의 길이

전주의 길이	표준 근입(깊이)	근가의 길이
7	1.2	1.0
8	1.4	1.0
9	1.5	1.2
10	1.7	1.2
11	1.9	1.5
12	2.0	1.5
13	2.2	1.5
14	2.4	1.8
15~16	2.5	1.8

[답] ①

31. 특고압 3조의 전선을 설치시 크로스암(완금)의 표준길이는?
① 900[mm]   ② 1,400[mm]
③ 1,800[mm]   ④ 2,400[mm]

해설 31

완철의 길이[mm]			
	저압	고압	특고압
2조	900	1,400	1,800
3조	1,400	1,800	2,400

전선 3조 특고압 : 2,400[mm]

[답] ④

32. 22.9[kV-Y] 특고압 가공전선로에서 3조를 수평으로 배열하기 위한 완금의 길이[mm]는?

① 2,400 ② 1,800 ③ 1,400 ④ 900

해설 32
전선 3조 특고압 : 2,400[mm]

[답] ①

33. 가공전선로에서 22.9[kV-Y] 특고압 가공전선 2조를 수평으로 배열하기 위한 완금의 표준길이는?

① 2,400[mm] ② 2,000[mm]
③ 1,800[mm] ④ 1,400[mm]

해설 33
전선 2조 특고압 : 1,800[mm]

[답] ③

34. 전선을 지지하기 위하여 사용되는 자재로 애자를 부착하여 사용하며 단면이 □형으로 생긴 형강은?

① 경 완금 ② 분기 고리
③ 행거 밴드 ④ 인류 스트랍

해설 34
경 완금 : 전선을 지지하기 위하여 사용되는 자재로 애자를 부착하여 사용하는 자재

[답] ①

35. 전선을 지지하기 위하여 수용가측 설비에 부착하여 사용하는 ㄱ자형으로 생긴 형강은?

① 암타이 밴드
② 완금 밴드
③ 경완금
④ 인입용 완금

해설 35
인입용 완금 : 전선을 지지하기 위하여 수용가측 설비에 부착하여 사용하는 형강

[답] ④

36. 배전선로용 콘크리트전주의 크로스암(ㄱ형 완철 및 경완철)을 설치하기 위하여 사용하는 금구류는?

① 완금 밴드
② 암타이 밴드
③ 행거 밴드
④ 인류스트랍

해설 36
완금 밴드 : 배전선로용 콘크리트전주의 크로스암(ㄱ형 완철 및 경완철)을 설치하기 위하여 사용하는 금구류이다.

[답] ①

37. 다음 중 주상변압기를 전주에 설치하기 위하여 사용되는 금구류는?

① 행거 밴드 ② 암타이 밴드 ③ 랙크 ④ 경완금

해설 37
행거 밴드 : 전주에 변압기를 고정시키기 위한 밴드

[답] ①

38. 앵글 베이스(또는 U좌금)의 용도는?

① 옥외변대에 설치되는 변압기를 고정시키기 위한 부속자재이다.
② 앵글을 절단 또는 가공할 때 필요한 앵글 가공용 공구이다.
③ 완금 또는 앵글류의 지지물에 COS 또는 핀애자를 고정시키는 부속 자재이다.
④ 큐비클에 부착되는 각종 계기를 고정시키는데 사용되는 아연도금된 앵글이다.

해설 38

앵글 베이스(U좌금) : 완금 또는 앵글류의 지지물에 COS 또는 핀애자를 고정시키는 부속 자재이다.

[답] ③

39. 경완철에 현수애자를 설치할 경우의 연결되는 접속 금구류가 바르게 명시된 것은?

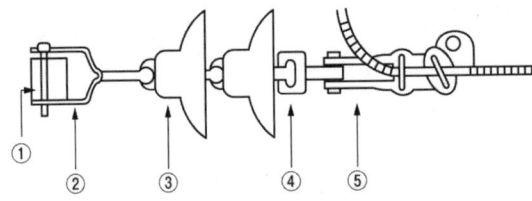

① ①경완철 ②앵커쇄글 ③현수애자 ④소켓아이 ⑤데드앤드크램프
② ①경완철 ②볼크레비스 ③현수애자 ④소켓아이 ⑤데드앤드크램프
③ ①경완철 ②소켓아이 ③현수애자 ④볼쇄클 ⑤데드앤드크램프
④ ①경완철 ②볼쇄클 ③현수애자 ④소켓아이 ⑤데드앤드크램프

해설 39

①경완철 ②볼쇄클 ③현수애자 ④소켓아이 ⑤데드앤드크램프(인장크램프)

[답] ④

40. 그림은 ㄱ형 완철에서의 현수애자를 설치하는 순서이다. 알맞은 것은?

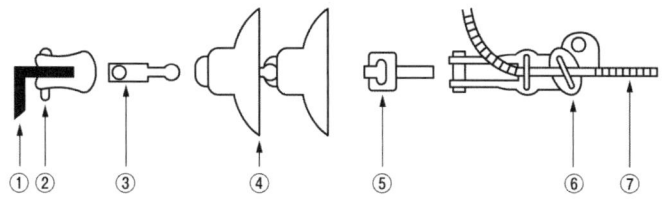

① ①ㄱ완철 ②볼쇄클 ③볼크레비스 ④현수애자 ⑤소켓아이
　⑥데드앤드크램프　⑦전선
② ①ㄱ완철 ②앵커쇄클 ③소켓아이 ④현수애자 ⑤볼크레비스
　⑥데드앤드크램프 ⑦전선
③ ①ㄱ완철 ②데드앤드크램프 ③볼크레비스 ④현수애자 ⑤소켓아이
　⑥앵커쇄클 ⑦전선
④ ①ㄱ완철 ②앵커쇄클 ③볼크레비스 ④현수애자 ⑤소켓아이
　⑥데드앤드크램프 ⑦전선

해설 40
①ㄱ완철 ②앵커쇄클 ③볼크레비스 ④현수애자 ⑤소켓아이 ⑥데드앤드크램프(인장크램프)
⑦전선

[답] ④

41. 다음 중 주로 안개가 많은 지역의 송전선로에 사용되는 애자는?
① 라인 포스트 애자　　　② 스테이션 포스트 애자
③ 트리 애자　　　　　　④ 스모그 애자

해설 41
스모그 애자 : 안개가 많은 지역에 사용하는 애자

[답] ④

42. 50[mm²], 450/750[V] 내열성 에틸렌아세테이트 고무절연전선에 알맞는 애자는?
  ① 대 놉 애자
  ② 중 놉 애자
  ③ 소 놉 애자
  ④ 2선용 클리이트

해설 42
놉 애자와 전선의 굵기

종 류	사용전선의 최대 굵기[mm²]
소	16
중	50
대	95
특대	240

[답] ②

43. 전선을 다른 방향으로 돌리는 부분에 사용되는 애자는?
  ① 구형애자
  ② 저압곡핀애자
  ③ 옥애자
  ④ 고압가지애자

해설 43
고압가지애자로 전선을 다른 방향으로 돌릴 수 있다.

[답] ④

44. 저압 전선로 등의 중성선 또는 접지측 전선의 식별에서 애자의 빛깔에 의하여 식별하는 경우에는 어떤 색의 애자를 접지 측으로 사용하는가?
  ① 청색 애자   ② 백색 애자   ③ 황색 애자   ④ 흑색 애자

해설 44
청색 애자 : 접지 측으로 사용한다.

[답] ①

45. 배전선로에 사용되는 특고압 애자 중 내오손, 초경량성, 방폭성, 경제성 등이 양호하며 부드러운 외피절연 재질로 된 애자의 종류는?

① 자기애자 ② 뉴글래스애자
③ 폴리머애자 ④ 뉴에폭시애자

> **해설 45**
> 폴리머애자는 실리콘 성분으로 가볍고, 견고한 성질이 있는 애자이다.
>
> [답] ③

46. 경완철에 폴리머애자를 설치 할 경우 사용되는 재료가 아닌 것은?

① 볼쇄클 ② 소켓아이
③ 데드엔드크램프 ④ 현수애자

> **해설 46**
> 현수애자 대신 폴리머애자를 사용한다.
>
> [답] ④

47. 애자의 형상에 의한 분류로서 내무애자란 다음 중 어느 것인가?

① 노부애자의 일종으로서 저압옥내 애자이다.
② 분진 또는 염해에 의한 섬락사고를 방지하기 위한 송전용 애자이다.
③ 선로용으로서 점퍼선의 지지용으로 사용되는 애자이다.
④ 현수애자의 일종으로서 크레비스형의 애자이다.

> **해설 47**
> 내무애자 : 분진 또는 염해에 의한 섬락사고를 방지하기 위한 송전용 애자이다.
>
> [답] ②

Chapter 07. 공사재료

48. 옥애자(구슬애자)의 용도를 옳게 나타낸 것은 어느 것인가?
① 지선중간 부분에 취부하는 애자
② 저압 가공인입시 변압기 2차측의 리드선을 지지하는 애자
③ 옥외 변대 설치시 고압 또는 특고압의 모선 지지용 애자
④ 옥내 노출배선에 필요한 저압지지 애자

해설 48
옥애자 : 지선 중간 부분에 취부하는 애자이다.

[답] ①

49. 콘덴서로 주로 사용하는 것은?
① 산화티탄자기
② 장석자기
③ 알루미나자기
④ 스티어타이트자기

해설 49
콘덴서에는 산화티탄자기를 주로 사용한다.

[답] ①

50. 다음은 송전선로에 사용되는 애자의 불량여부를 검출하는 검출기의 명칭이다. 이들 중 애자의 전압분포 측정용 기기가 아닌 것은?
① 네온관식
② 스파아크갭
③ 버즈스틱
④ 고압메거

해설 50
고압메거 : 절연저항측정용 계기이다.

[답] ④

51. 애자련을 구성하는 애자는?

① 핀애자 ② 장간애자
③ 지지애자 ④ 현수애자

해설 51
현수애자는 여러개의 애자를 연결하여 애자련을 구성하여 사용한다.

[답] ④

52. 154[kV] 송전선로에 사용하는 현수애자 일련의 개수는 약 몇 개인가?

① 4~5 ② 6~7 ③ 8~9 ④ 10~11

해설 52
154[kV] : 10 ~ 11개 사용

[답] ④

53. 22.9[kV-Y] 3상 4선식 중성선 다중접지방식의 특고압 가공전선로에 있어서 중성선이 ACSR일 때 최소 굵기는 32[mm^2] 이상으로 하여야 하며, 최대 굵기는 몇 [mm^2]로 하여야 하는가?

① 95 ② 99 ③ 102 ④ 180

해설 53
최소 굵기 32[mm^2], 최대 굵기 95[mm^2]를 사용한다.

[답] ①

54. 금속관의 부속품 중 전선관 상호의 접속용으로서 관이 고정되어 있을 때 또는 관자재를 돌릴 수 없을 때 사용되는 것은?
① 부싱　　　　　　　② 로크너트
③ 유니온 커플링　　　④ 유니버설

해설 54
① 로크 너트 : 관을 박스에 고정시킬 때 사용
② 부싱 : 금속관 끝에서 전선피복을 보호하기 위하여 사용
③ 링 리듀서 : 금속관과 박스 접속시 박스와 관 직경이 맞지 않을 때 사용
④ 앤트런스 캡(우에사캡) : 인입구 및 인출구에서 전선관 공사로 넘어갈 때 관 끝에 설치하여 빗물의 침입방지에 사용
⑤ 터미널 캡 : 관에서 나온 전선을 전동기 단자에 접속할 때 관 끝에 사용
⑥ 커플링 : 관과 관을 접속시키는 재료
⑦ 유니온 커플링 : 고정되어있어 돌릴 수 없는 관과 관을 접속시키는 재료

[답] ③

55. 금속 전선관용 부품 중 박스에 금속관을 고정할 때 사용하는 것은?

해설 55
① 로크너트, ② 링 리듀서, ③ 부싱, ④ 새들

[답] ①

56. 후강전선관의 종류가 아닌 것은?
① 54[mm]　② 72[mm]　③ 82[mm]　④ 104[mm]

해설 56
후강전선관은 안지름을 짝수[mm]로 표기
16, 22, 28, 36, 42, 54, 70, 82, 92, 104

[답] ②

57. 전선관(박강)의 굵기 가운데 공칭값[mm]이 아닌 것은?
① 15 ② 19 ③ 24 ④ 31

해설 57
박강전선관은 바깥지름을 홀수[mm]로 표기
15, 19, 25, 31, 39, 51, 63, 75

[답] ③

58. 금속관 1본의 표준길이[m]는?
① 6 ② 5.5 ③ 4 ④ 3.6

해설 58
금속관의 1본의 길이는 3.66[m]이다. PVC관은 4[m]이다.

[답] ④

59. 강제 전선관 공사 중 노출 배관공사에서 관을 직각으로 굽히는 곳에 사용한다. 3방향으로 분기할 수 있는 "T"형과 4방향으로 분기할 수 있는 cross형이 있는 자재는?
① 새들
② 유니버설 엘보
③ 유니온 커플링
④ 노멀 밴드

해설 59
유니버설 엘보 : 노출배관에서 관을 직각으로 구부리는 곳에 사용하며, 3방향의 T형과 4방향의 크로스형이 있다.

[답] ②

60. 금속관 공사용 재료가 아닌 것은?
   ① Coupling   ② Saddle
   ③ Bushing   ④ Cleat

   해설 60
   Cleat는 전선을 조영재에 따라 붙이는 애자사용공사용 재료이다.
   [답] ④

61. 강제 전선관 중 설명이 틀린 것은?
   ① 후강전선관과 박강전선관으로 나누어진다.
   ② 녹이 스는 것을 방지하기 위해 건식아연도금법이 사용된다.
   ③ 폭발성 가스나 부식성 가스가 있는 장소에 적합하다.
   ④ 주로 강으로 만들고 알루미늄이나, 황동, 스테인레스등은 강제관에서 제외된다.

   해설 61
   스테인레스는 강제관에 포함된다.
   [답] ④

62. 금속관에 물의 침입을 방지하려고 금속관에 부착하는 것은?
   ① 링 리듀서   ② 유니버설 엘보
   ③ 부싱캡   ④ 앤트런스 캡

   해설 62
   앤트런스 캡을 사용하여 금속관에 물이 침입하는 것을 방지한다.
   [답] ④

★★★★★

63. 테이블 탭을 사용할 경우의 코오드의 단면적은 얼마 이상으로 되어야 하겠는가?

① 0.5[mm²] ② 0.75[mm²]
③ 1.25[mm²] ④ 2.0[mm²]

해설 63
테이블 탭을 사용할 시 단면적은 1.25[mm²] 이상으로 길이는 3[m] 이하로 사용해야 한다.

[답] ③

★★★

64. 옥내 조명시설 중 중량이 3[kg] 이하로 제한을 받는 것은?

① 다운라이트 ② 체인펜던트
③ 파이프펜던트 ④ 코드펜던트

해설 64
코드펜던트의 경우 3[kg] 이하만 설치할 수 있다.

[답] ④

★★★★

65. 무거운 조명 기구를 파이프로 매달 때 사용하는 것은?

① 노멀밴드 ② 엔트런스 캡
③ 픽스처 스터드와 히키 ④ 파이프 행거

해설 65
픽스처 스터드와 히키로 조명기구를 파이프로 매달아 지지할 때 사용한다.

[답] ③

66. 플로어 덕트(FLOOR DUCT) 설치 그림(약식) 중 블랭크 와셔(BLANK WASHER)가 사용되어야 할 부분은?

① ①
② ②
③ ③
④ ④

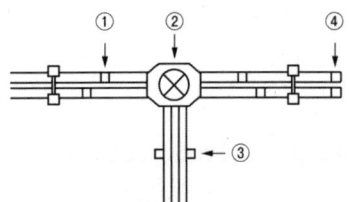

> **해설 66**
> 블랭크 와셔(Blank Washer) : 정션 박스에 덕트를 접속하지 않는 곳으로 수분 및 먼지의 침입을 막기 위하여 덕트 끝을 막는 재료이다.
>
> [답] ②

67. 금속관공사의 박스 내에 전선을 접속할 때 가장 많이 사용하는 재료는?
   ① 와이어 커넥터   ② 코드 커넥터
   ③ S슬리브   ④ 컬 플러그

> **해설 67**
> 와이어 커넥터 : 박스 내에서 전선을 접속하고 절연하는 재료이다.
>
> [답] ①

68. 금속 덕트에 넣는 전선의 단면적(절연피복의 단면적 포함)의 합계는 덕트 내부 단면적의 몇 [%] 이하이어야 하는가?
   ① 10   ② 20   ③ 30   ④ 40

> **해설 68**
> 덕트의 내부 단면적의 20[%](전광표시 장치, 출퇴표시등, 제어회로용 배선만을 넣는 경우에는 50[%]) 이하일 것
>
> [답] ②

69. 가요 전선관 공사에 의한 저압옥내 배선에서 틀린 것은?
① 전선은 절연전선일 것
② 1종 금속제 가요 전선관의 두께는 0.5[mm] 이상일 것
③ 내면은 전선의 피복을 손상하지 아니하도록 매끈한 것일 것
④ 가요 전선관 안에는 전선에 접속점이 없도록 할 것

해설 69
1종 금속제 가요 전선관의 두께는 0.8[mm] 이상일 것

[답] ②

70. 저압가공 인입선의 인입용으로 쓰는 금속관 공사의 재료는?
① 엔트런스캡   ② C형 엘보우
③ 커플링   ④ 노멀밴드

해설 70
앤트런스 캡(우에사 캡) : 인입구에서 전선관 공사로 넘어갈 때 관 끝에 설치하여 빗물의 침입방지

[답] ①

71. 절연재료의 구비 조건이 아닌 것은?
① 절연 저항이 클 것
② $\tan\delta$가 클 것
③ 유전체 손실이 작을 것
④ 기계적 강도가 클 것

해설 71
유전체 역률인 $\tan\delta$가 작아야 유전체손이 작다.

[답] ②

72. 절연재료의 구비 조건 중 틀린 것은?

① 절연 저항이 클 것
② 유전체 손실이 작을 것
③ 기계적 강도가 작을 것
④ 화학적으로 안정할 것

해설 72
절연재료는 가능한 기계적강도가 크면 좋다.

[답] ③

73. 절연 컴파운드(insulating compound)를 사용하는 목적이 아닌 것은?

① 자외선으로부터의 도체의 파괴를 방지하기 위하여
② 표면을 피복하여 습기를 방지하기 위하여
③ 고전압으로 인한 전리를 방지하기 위하여
④ 고체 절연의 빈 곳을 메우기 위하여

해설 73
절연 컴파운드를 사용하는 목적
· 표면을 피복하여 습기 침입을 방지
· 고전압으로 인한 전리를 방지
· 고체 절연의 빈 곳을 메우기 위하여

[답] ①

74. 케이블 또는 콘덴서용 절연유가 구비하여야 할 성질로 옳지 않은 것은?

① 함침시키는 온도에서 점도가 작을 것
② 유전손이 클 것
③ 열전도율이 클 것
④ 팽창 계수가 작을 것

해설 74
절연유는 유전체(절연체)이므로 유전손이 작아야 한다.

[답] ②

75. 다음 중 절연의 종류가 아닌 것은?

① A종　　　② B종　　　③ D종　　　④ H종

> 해설 75
>
> | 절연의 종류 | Y | A | E | B | F | H | C |
> |---|---|---|---|---|---|---|---|
> | 허용 최고온도 [℃] | 90 | 105 | 120 | 130 | 155 | 180 | 180초과 |
>
> [답] ③

76. 절연재료의 내열성에 의한 분류에서 B종 절연의 최고 사용 온도는 몇 [℃]인가?

① 90　　　② 130　　　③ 155　　　④ 180

> 해설 76
>
> | 절연의 종류 | Y | A | E | B | F | H | C |
> |---|---|---|---|---|---|---|---|
> | 허용 최고온도 [℃] | 90 | 105 | 120 | 130 | 155 | 180 | 180초과 |
>
> [답] ②

77. 건식변압기 H종 절연재료로 사용하지 않는 것은?

① 컴파운드　　　② 마이카
③ 유리섬유　　　④ 실리콘 수지

> 해설 77
>
> H종 절연재료 : 마이카, 유리섬유, 실리콘 수지
>
> [답] ①

78. SF₆의 특성이 아닌 것은?
    ① 무색, 무취, 가연성이다.
    ② 가볍다.
    ③ 유전손이 적다.
    ④ 기기를 소형화할 수 있다.

해설 78
SF₆는 무색, 무취, 불연성이다.

[답] ①

79. 다음 중 전력용에 사용되는 SF₆ Gas에 대한 설명으로 옳은 것은?
    ① Gas 발전기의 연료의 일종이다.
    ② 화력발전소 연소 시 발생되는 Gas이다.
    ③ 차단기 등에 사용하는 일종의 기체 절연재료이다.
    ④ 절연유의 부식으로 발생되는 Gas이다.

해설 79
차단기에 사용하는 가스이다.

[답] ③

80. 변압기유로 쓰이는 절연유에 요구되는 특성이 아닌 것은?
    ① 절연내력이 클 것
    ② 점도가 클 것
    ③ 인화점이 높을 것
    ④ 유동성이 좋아 냉각 효과가 클 것

해설 80
변압기유의 구비조건은 응고점이 낮을 것, 인화점이 높을 것, 절연내력이 클 것, 점도가 낮고 유동성이 좋을 것, 화학적 안정성이 높아야 한다.

[답] ②

⭐⭐⭐⭐⭐

81. 점착성은 없으나 절연성, 내온성 및 내유성이 강한 절연 테이프는?
    ① 자기용 압착테이프   ② 면테이프
    ③ 고무테이프   ④ 리노테이프

> **해설 81**
> 점착성은 없으나 절연성, 내온성 및 내유성이 강해서 절연용으로 사용한다.
>
> [답] ④

⭐⭐⭐

82. 접지선을 전선관에 접속할 때 사용하는 재료는?
    ① 엔드 캡   ② 어스 클립
    ③ 터미널 캡   ④ 픽스쳐 하키

> **해설 82**
> 어스 클립을 이용하여 접지선과 전선관을 접속한다.
>
> [답] ②

⭐⭐⭐

83. 피뢰도선 재료의 규격은?
    ① 동 - 30[mm^2] 이상, 알루미늄 - 50[mm^2] 이상
    ② 동 - 20[mm^2] 이상, 알루미늄 - 50[mm^2] 이상
    ③ 동 - 40[mm^2] 이상, 알루미늄 - 50[mm^2] 이상
    ④ 동 - 50[mm^2] 이상, 알루미늄 - 75[mm^2] 이상

> **해설 83**
> 건물의 용마루에 설치하는 피뢰도선 : 동 - 30[mm^2] 이상, 알루미늄 - 50[mm^2] 이상
>
> [답] ①

★★★★

84. 피뢰침용 인하도선으로 가장 적당한 전선은?
   ① 고무절연전선   ② 비닐절연전선
   ③ 캡타이어 케이블   ④ 동선

   해설 84
   피뢰침용 인하도선으로 동선을 사용한다.
   [답] ④

★★★★

85. 특고압 가공전선로에서 공급을 받는 수전용 변전소에 시설하는 피뢰기의 피보호기의 제1대상이 되는 것은 어떤 기기인가?
   ① 전력용 변압기   ② 전력용 콘덴서
   ③ 차단기   ④ 계전기

   해설 85
   원활한 전력 공급을 위하여 전력용 변압기를 우선 보호해야 한다.
   [답] ①

★★★

86. 특별 제 3종 접지공사의 접지선의 최소 굵기[mm^2]는?
   ① 16   ② 10
   ③ 6   ④ 2.5

   해설 86
   특별 제 3종 접지공사의 접지선의 굵기는 2.5[mm^2] 이상의 연동선이다.
   [답] ④

★★★★★

87. 피뢰기의 주요 구성요소는 어떤 것인가?
① 특성요소와 콘덴서 ② 특성요소와 직렬 갭
③ 소호리액터 ④ 특성요소와 소호리액터

해설 87

특성요소는 비직선저항 특성을 가지고 있어 밸브저항체라고도 한다.
뇌서지 등에 의한 큰 방전전류에 대해서는 저항값이 작아져서 제한전압을 낮게 억제함과 동시에 비교적 낮은 계통전압에서는 높은 저항값으로 속류 등을 차단하여 직렬갭에 의한 차단을 용이하게 도와주는 작용을 한다.

[답] ②

★★★★

88. 공칭전압 22[kV]인 중성점 비접지방식의 변전소에서 사용하는 피뢰기의 정격전압은?
① 18[kV] ② 20[kV] ③ 22[kV] ④ 24[kV]

해설 88

공칭전압	변전소	배전선로
3.3	7.5	7.5
6.6	7.5	7.5
22.9	21	18
22	24	-

[답] ④

★★★★★

89. 고압 또는 특고압 전로중 기계 기구 및 전선을 보호하기 위하여 필요한 곳에는 무엇을 시설하여야 하는가?
① 저항기 ② 전력용 콘덴서
③ 리액터 ④ 과전류 차단기

해설 89

기계 및 전선을 보호하기 위한 곳에 과전류 차단기를 설치한다.

[답] ④

90. 공기의 자연 소호에 의한 소호방식을 가지는 차단기는?
① 공기차단기 ② 가스차단기
③ 기중차단기 ④ 유입차단기

해설 90
ACB(기중차단기) : 공기 중에서 차단기가 작동할 때 생기는 아크를 소호하는 방식으로 저압용으로 사용한다.

[답] ③

91. 주상개폐기로서 사용할 수 없는 것은?
① 유입개폐기 ② 가스개폐기
③ 기중개폐기 ④ 진공개폐기

해설 91
주상개폐기로 기중개폐기는 사용할 수 없다.

[답] ③

92. 다음 재료 중 보호 설비 종류가 아닌 것은?
① PF ② COS ③ ZCT ④ DS

해설 92
PF : 전력용 퓨즈
COS : 컷 아웃 스위치
ZCT : 영상변류기
DS : 단로기

[답] ④

93. COS를 설치할 때 함께 사용되는 재료가 아닌 것은?
① 소켓 아이 ② 브라켓트
③ 퓨즈 링크 ④ 내오손 결합 애자

해설 93
소켓 아이는 현수애자 설치 시에 사용한다.

[답] ①

94. 주상변압기 1차측에 설치하여 변압기의 보호와 개폐에 사용하는 스위치를 말하며, 변압기 설치시 필수적으로 설치해야 하는 것은?
① 피뢰기 ② COS
③ 행거밴드 ④ 볼쇄클

해설 94
변압기 1차 측 : COS(컷아웃스위치), 변압기 2차 측 : 캐치홀더

[답] ②

95. 캐치홀더란?
① 저압가공 인입시 변압기 2차측에 설치하는 퓨즈이다.
② 가공 전선을 핀 애자에 고정시키기 위한 바인드선의 일종이다.
③ 고압 또는 특고압의 변압기 1차측에 설치하는 컷 아웃 스위치이다.
④ 전주 보강을 위하여 지선을 설치할 때 필요한 지선용 부속 자재이다.

해설 95
저압 가공전선을 보호하기 위한 퓨즈이다.

[답] ①

96. 손잡이를 상반되는 두 방향에 조작함으로써 접촉자를 개폐하는 스위치는?
① 로터리 스위치 ② 텀블러 스위치
③ 누름버튼 스위치 ④ 코드 스위치

해설 96
텀블러 스위치는 옥내 조명용 스위치로 많이 사용된다.

[답] ②

97. 물탱크의 물의 양에 따라 동작하는 스위치로서 학교, 공장, 빌딩 등의 옥상에 있는 물탱크의 급수펌프에 설치된 전동기 운전용 마그네트 스위치와 조합하여 사용하면 매우 편리한 스위치는?
   ① 수은 스위치   ② Time Swictch
   ③ 압력 스위치   ④ Floatless Switch

   해설 97
   Floatless Switch, Float Switch, 부동스위치가 같은 용도로 사용된다.
   [답] ④

98. 분전함에 내장되는 부품은?
   ① COS   ② VCB   ③ UVR   ④ MCCB

   해설 98
   MCCB(배선용차단기)와 ELB(누전차단기)는 분전함에 내장된다.
   COS, VCB, UVR는 수전설비의 큐비클에 내장한다.
   [답] ④

99. 분전함에 내장되는 부품은?
   ① Knife SW 또는 MCCB
   ② MG SW 또는 VCB류의 차단기
   ③ MCCB 또는 VCB류의 차단기
   ④ OCR 또는 UVR류의 보호 계전기

   해설 99
   Knife SW 또는 MCCB : 배선용 차단기(MCCB)는 분전함에 내장된다.
   [답] ①

100. 고압, 특고압기기의 단락전류의 차단을 목적으로 사용하며 소호방식에 따라 한류형과 비한류형이 있는 것은?
　　① 단로기　　② 선로 개폐기　　③ 전력퓨즈　　④ 리크로저

해설 100
PF(전력퓨즈) : 고압 및 특고압회로, 기기의 단락보호용으로 사용
[답] ③

101. 절연재료에 있어서 직접적인 열화의 가장 큰 원인은?
　　① 유전손　　② 이온 도전성　　③ 온도상승　　④ 자외선

해설 101
절연재료에 직접적인 열화의 원인은 온도상승이다.
[답] ③

102. 변압기유의 최고 허용 온도[℃]는?
　　① 90　　② 80　　③ 40　　④ 50

해설 102
변압기유의 최고 허용 온도는 90[℃]이다.
[답] ①

KEC 제정 반영 사항

Chapter 07. 공사재료

1) 3상 선로의 기호 및 색

- 기존 : U, V, W, N 또는 R, S, T 또는 A, B, C로 표현한 3상 선 및 중성선
- 변경 : L1상(갈색), L2상(흑색), L3상(회색), N선(청색), 접지/보호도체(녹/황 교차)

2) 케이블 심선 색

- 2심 – 청색, 갈색
- 3심 – 녹색/노란색, 청색, 갈색
- 4심 – 녹색/노란색, 청색, 갈색, 흑색
- 5심 – 녹색/노란색, 청색, 갈색, 흑색, 회색

※ 단, 경제적 파급을 고려하여 기존설비 및 기존제품은 소진될 때까지 유지됩니다.
※ 시험문제에는 2021년도 1회부터 적용됩니다.

편저자   강장규
         숭실대학교 대학원 제어계측 및 시스템 공학박사
         現 배울학 전기 교수
         現 가천대학교 겸임교수
         現 대한전기학원 원장
         前 숭실대학교 겸임교수
         前 한국전기학원 대표강사
         前 철도경영연수원 기술연수부 강사
         前 서울시 기술심사담당관실 전기관련교육 강사
         前 서울시립대학교 서울시 건설관련교육 강사
         前 삼성디스플레이 교육강사

         전기기사 / 소방설비기사 / 산업안전기사

- 배울학 ① 전기자기학
- 배울학 전기기사 1033 필기 10개년 기출문제집
- 배울학 전기공사기사 1033 필기 10개년 기출문제집
- 배울학 전기산업기사 1033 필기 10개년 기출문제집
- 배울학 전기공사산업기사 1033 필기 10개년 기출문제집

배울학 전기응용 및 공사재료

발행일   2021. 10. 01 1쇄 발행
발행처   배울학
주소   서울특별시 동대문구 왕산로 26길 35, 301호
이메일   help@baeulhak.com

ISBN   979-11-89762-35-3
정가   15,000원

- 교재에 관한 문의나 의견, 시험 관련 정보는 배울학 홈페이지 http://electric.baeulhak.com을 이용해주시기 바랍니다.
- 이 책의 모든 부분은 배울학 발행인의 승인문서 없이 복사, 재생 등 무단복제를 금합니다.

※ 이 도서의 파본은 교환해드립니다.